HISTOIRE

D'UNE ASSIETTE

Coulommiers. — Typ. Paul BRODARD et GALLOIS.

BIBLIOTHÈQUE

DES ÉCOLES ET DES FAMILLES

HISTOIRE

D'UNE ASSIETTE

PAR

EUG. LEFEBVRE

Professeur au lycée de Versailles et à l'école normale supérieure
d'enseignement primaire de Soint-Cloud.

PARIS

LIBRAIRIE HACHETTE ET Cie

79, BOULEVARD SAINT-GERMAIN, 79

—

1885

HISTOIRE

D'UNE ASSIETTE

CHAPITRE PREMIER

LES POTERIES ANCIENNES

« Il y a fagots et fagots », dit Sganarelle dans le
Médecin malgré lui. Si le héros de Molière avait été
potier, au lieu d'être bûcheron, il aurait pu soutenir
avec autant de raison qu'il y a assiettes et assiettes.
Est-il possible de comparer l'humble écuelle de terre
à la magnifique assiette de porcelaine de Sèvres,
éclatante de blancheur, parée d'or et d'azur, et qu'en-
richissent encore les plus belles peintures? Quelle différence entre les poteries grossièrement pétries à la
main, à peine cuites ou même simplement séchées au
soleil, œuvre des races primitives ou des peuplades
sauvages, et les beaux vases si brillants, si élégants,
si purs de forme, qui font l'ornement de nos palais et
de nos musées! Les premières n'ont qu'un mérite,
leur utilité. Les autres sont le produit d'une civilisation avancée, et l'une des manifestations les plus
complètes de l'art, au double point de vue de la
forme et de la couleur.

L'origine de la fabrication des poteries se perd

dans la nuit des temps : on en trouve des débris parmi
les objets provenant de l'antiquité la plus reculée.
Cependant le vase de terre cuite est déjà pour l'homme
sauvage presque un objet de luxe : les peuplades de
certaines îles de l'Océanie, dont la découverte est
relativement récente, ne connaissaient pas, lorsqu'on
les a rencontrées, l'usage et la fabrication de la poterie. Ces hommes de notre époque, semblables à
l'homme primitif, puisaient l'eau dans leurs mains
ou dans des coquillages, et la conservaient dans une
sorte d'auge creusée, à l'aide d'un caillou, dans un
tronc d'arbre ou dans une pierre tendre.

Les premiers objets fabriqués que l'homme cherche
à se procurer sont des armes pour sa défense ou pour
la chasse, puis des vêtements pour se protéger des
intempéries des saisons et des ardeurs du soleil. La
cuisson des aliments et la conservation de l'eau ne
viennent qu'ensuite. Pressé par ces besoins nouveaux,
l'homme réfléchit et inventa le vase de terre cuite,
bien plus facile à obtenir que le vase de métal.

Le fer et le cuivre sont aujourd'hui connus de
tout le monde ; l'industrie les emploie constamment. Mais combien d'efforts successifs il faut faire
pour fabriquer une casserole de cuivre ou de fer
battu, un couteau, une hache. La nature ne nous
fournit ni le fer, ni le cuivre à l'état de métal, c'est-
à-dire sous la forme où nous les employons. Ce que
l'on trouve dans la terre, ce sont des minerais, de
véritables pierres dans lesquelles le métal est com-
biné à d'autres corps et où, la plupart du temps,
on ne soupçonnerait même pas sa présence. Il faut
d'abord faire sortir le métal de ce minerai ; ce qui
nécessite des opérations longues, difficiles, et exige
souvent des connaissances étendues. Il faut ensuite
travailler les métaux, et, au moyen d'outils ou de
machines, leur faire prendre la forme désirée.

La fabrication d'un vase de terre est beaucoup plus

simple : deux remarques ont suffi pour y arriver. Le jour où, pour la première fois, l'homme marcha sur un sol argileux détrempé par la pluie, il s'aperçut que cette terre conservait l'empreinte exacte de ses pas. Prise entre les doigts, elle se laissait pétrir avec la plus grande facilité, prenait toutes les formes, les gardait fidèlement et acquérait une certaine dureté en se desséchant à l'air ou au soleil. La terre pouvait donc servir à faire un vase.

Une autre observation tout aussi simple a fait découvrir la transformation que l'argile éprouve par la chaleur. Ayant un jour allumé du feu sur un sol argileux, l'homme reconnut que l'aire de son foyer changeait de couleur. Cette terre si propre au modelage, si *plastique*, pour employer l'expression consacrée, devenait rouge par l'action du feu, solide, résistante et presque imperméable à l'eau.

Telles furent certainement les origines de l'art du potier : l'homme avait ainsi trouvé le moyen de faire des vases d'un aspect analogue à celui de nos pots à fleurs; il pouvait y conserver de l'eau et s'en servir pour boire autrement que dans le creux de la main.

————

L'idée de cette destination primitive des vases de terre cuite se retrouve dans les noms par lesquels on les désigne aujourd'hui dans beaucoup de langues et particulièrement en français. Les mots *pot*, *poterie*, viennent d'un verbe latin qui signifie boire et d'où nous avons aussi tiré les expressions de *potable*, *potion*. Un pot, c'est un vase à boire : le potier est l'homme qui le fabrique. Quant à l'art du potier, on l'appelle l'*art céramique*, la *céramique*. Ce mot vient du nom que les Grecs donnaient à la poterie (*Keramos*), dérivé lui-même de *Keras*, corne. Comme les premiers vases à boire furent des cornes d'animaux, l'expression de céramique nous ramène encore à l'idée du vase à boire Ce dernier conserva d'ailleurs longtemps la forme d'une corne : tels étaient, par exemple, les *rhytons* des Grecs.

Ces vases courbés, pourvus d'une anse, rappellent les cornes percées qui, dans l'origine de la société grecque, servaient à boire le vin. La plupart n'ont d'autre ouverture que celle de l'évasement : ce sont des coupes et non des vases pour boire *à la régalade*, comme les cornes percées. Il y a là un progrès de la civilisation, auquel les Grecs ont ajouté le cachet artistique qu'ils donnaient à toutes leurs œuvres. La pointe du rhyton a pris la forme d'une tête d'animal, et la partie évasée se couvre d'ornements. Le luxe et l'art passent ici avant la commodité; car ce vase élégant présente l'inconvénient très sérieux de ne pouvoir se tenir debout tout seul.

La fabrication des poteries a toujours eu dans l'antiquité une grande importance. On en retrouve des traces chez tous les peuples : plusieurs dans leur reconnaissance attribuent à l'art de travailler la terre une origine divine et mettent au rang des dieux ceux qui l'ont pratiqué les premiers Plus les métaux étaient rares chez les anciens, plus les vases de terre devaient être précieux.

Les anciennes poteries chinoises, dont il sera question au chapitre de la porcelaine, étaient certainement les meilleures pour les usages domestiques : elles étaient sous ce rapport bien supérieures aux poteries européennes, grecques ou romaines. Il paraît certain du reste que les premières notions de céramique étaient venues de l'Orient : les Grecs les ont acquises des Phéniciens ou peut-être des Égyptiens. Passés maîtres à leur tour, ils les ont transmises aux Romains, auxquels ils ont apporté leurs procédés et leurs produits mêmes : car les plus belles œuvres céramiques

anciennes trouvées en Italie, les vases étrusques, par
exemple, ne sont que des poteries grecques.

Presque toutes les poteries anciennes sont mates,
c'est-à-dire dépourvues du vernis brillant qui recouvre
nos porcelaines ou nos faïences. Quelques-unes
cependant sont lustrées : on leur donnait un certain

Vase à boire, appelé rhyton　Poterie grecque.

éclat, soit en les polissant par le frottement, soit en
les recouvrant d'un léger enduit, qui devenait brillant par la cuisson. La décoration est obtenue au
moyen de ce que les céramistes modernes appellent
des *engobes*. Ce procédé consiste à appliquer sur le
vase déjà façonné des argiles de différentes couleurs,
et à former ainsi des dessins et des ornements.

Suivant l'usage auquel elles était destinées, on peut
distinguer dans les anciennes poteries : les poteries
communes, celles qui étaient employées dans les
constructions, les vases d'ornement et les vases funéraires.

Il reste fort peu de chose des poteries que les

anciens fabriquaient pour les usages de la vie. Ces vases fragiles, d'une valeur minime, disparaissent rapidement, en raison même des services qu'ils rendent. Toutes ces poteries anciennes étaient du reste très imparfaites. Fort peu cuites, et par conséquent poreuses, elles restaient imprégnées des liquides, des huiles ou des graisses que l'on y conservait. Elles étaient, pour les mêmes raisons, absolument impropres à la cuisson des aliments; mais, du reste, les anciens n'ont jamais employé la terre cuite à cet usage qui paraît être tout à fait moderne

Les plus grands vases anciens étaient les *amphores :* leur hauteur dépassait quelquefois 2 mètres. D'une forme pointue par le bas, elles ne pouvaient se tenir droites qu'à la condition d'être profondément enterrées dans le sol des caves. C'est dans cette situation qu'on en a trouvé un grand nombre dans les maisons de Pompéi. On y mettait des grains, de l'eau; mais la plupart étaient employées à conserver le vin. Il achevait d'y fermenter; la lie se déposait dans le fond pointu, laissant au-dessus d'elle un liquide clair que l'on puisait avec des coupes.

Le fameux tonneau de Diogène était aussi un grand vase de terre analogue aux amphores. Les pierres gravées et les médailles qui le représentent ne laissent aucun doute à cet égard. L'emploi des tonneaux de bois était du reste inconnu à cette époque.

Les constructions anciennes étaient fort souvent faites en briques, surtout dans les pays d'alluvion. Les terrains de cette nature, recherchés par l'homme à cause de leur fertilité, sont généralement dépourvus de pierres à bâtir. En revanche la matière argileuse qui constitue le sol se laisse aisément pétrir et convient parfaitement à la fabrication des briques. Aussi les employait-on presque exclusivement dans les grandes plaines de l'Asie, sur les bords du Tigre et de l'Euphrate, où l'histoire place le berceau des pre-

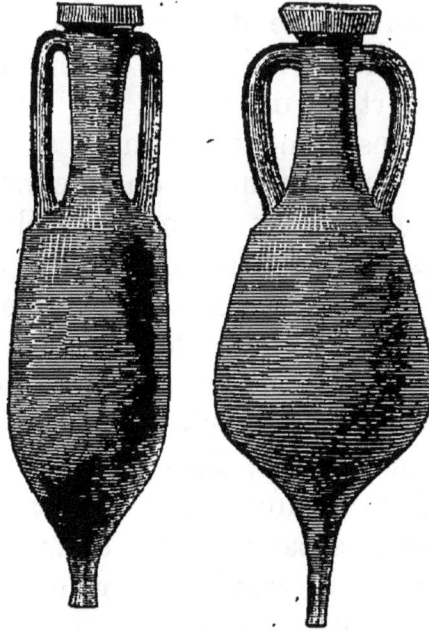

Amphores grecques et romaines.

mières sociétés humaines. Il en était de même en Asie Mineure : les fameux palais de Crésus, à Sardes,

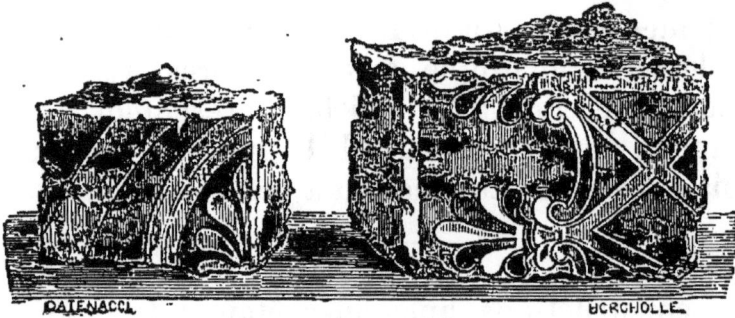

Briques émaillées anciennes.

de Mausole, à Halicarnasse, étaient construits en briques.

Beaucoup des anciennes briques, très grosses en comparaison des nôtres, n'étaient pas cuites, mais simplement séchées au soleil. A l'argile sablonneuse

dont elles étaient composées, on ajoutait, pour leur
donner plus de solidité, de la paille hachée, des fragments de jonc ou d'autres plantes. Telles étaient les
briques avec lesquelles étaient bâties Babylone et
Ninive. Très épaisses, carrées, ayant plus de 35 centimètres de côté, elles sont couvertes d'inscriptions,
bien qu'elles semblent n'avoir été employées que
pour la masse intérieure des murailles. Les revête-
ments extérieurs, ou peut-être seulement certaines
parties, étaient en briques plus petites, plus cuites et
même enduites d'un émail à couleurs vives. Malgré
ces précautions, le peu de consistance de ces matériaux est une des causes de la disparition des anciennes constructions assyriennes ; tandis que les
temples creusés dans le granit, les obélisques, les
pyramides et les colosses égyptiens semblent aujour-
d'hui, après des milliers d'années, défier les ravages
du temps.

Un grand nombre de vases en terre cuite, fabriqués
par les artistes grecs, étaient destinés à la décoration
des temples et des maisons particulières. Leur élégance, la nature des sujets et des ornements ne permettent pas d'en douter D'ailleurs, certaines de ces
pièces sont d'une dimension tellement considérable
qu'elles devaient toujours rester à la même place.
D'autres sont percées de part en part ; ne pouvant
rien contenir, elles n'avaient qu'un but décoratif.

Beaucoup de vases grecs portent des inscriptions :
les unes expliquent le sujet imparfaitement repré-
senté sur le vase, les autres indiquent sa destination. Ainsi les amphores panathénaïques portent ces
mots : PRIX DONNÉ A ATHÈNES. Remplies de l'huile pro-
duite par les oliviers sacrés de Minerve, elles étaient
données en prix dans les fêtes des Panathénées. D'autres inscriptions montrent qu'il s'agit de vases offerts

comme gages d'amitié ou comme présents de noces. Ces cadeaux devaient entrer dans les habitudes du peuple grec ; car si quelques vases portent le nom de la personne à laquelle il étaient destinés « A LA BELLE HÉRAS » — « AU BEAU TIMOXÉNUS », d'autres portent

Amphore de Nicosthène.

une dédicace plus générale : « AU BEAU GARÇON » — « A LA BELLE JEUNE FILLE ». On devait les trouver fabriqués d'avance dans les magasins et l'acheteur n'avait qu'à choisir.

D'autres inscriptions font connaître les noms des potiers qui fabriquaient ces vases. La multiplicité des noms nous donne la certitude que l'art céramique était largement cultivé en Grèce. Parmi ses représentants les plus célèbres, on peut citer Amasis, Nicosthène, Thériclès, etc. Un deuxième nom figure souvent à côté de celui du potier : c'est celui du peintre auquel il s'était associé pour la décoration de ses vases.

———

Il nous reste à parler d'une dernière catégorie de poteries antiques, les plus nombreuses de toutes : ce sont les poteries funéraires

Tant que l'usage de brûler les corps dura chez les Romains, c'est-à-dire environ jusqu'au iiie siècle de l'ère chrétienne, les cendres étaient recueillies et placées avec les débris d'ossements dans des urnes en terre cuite. Elles étaient assez grandes, à large ouverture, d'une couleur noire ou grise, de formes variables et plus ou moins richement ornées, suivant le rang de la personne dont elles contenaient les restes. Certains vases grecs avaient la même destination : tel est le vase noir, orné d'une branche de laurier, qui existe au cabinet de la Bibliothèque nationale et qui passe pour contenir les restes de Cimon, fils de Miltiade.

Mais outre les urnes sépulcrales, il y a les vases funéraires que, par un sentiment religieux commun presque à tous les peuples, on mettait dans l'intérieur des tombeaux. Le nombre des poteries trouvées dans les tombes des peuples anciens, scandinaves, germains, gaulois, celtes, grecs, péruviens, mexicains est incalculable. On ne saurait admettre qu'elles aient été fabriquées en vue de cet emploi, et les sujets qu'elles représentent en excluraient souvent la pensée. Peut-être les parents et les amis du mort, en les plaçant dans la tombe à côté de lui, voulaient-ils lui consacrer une partie des objets qu'il avait aimés pendant sa vie. Grâce à cette coutume touchante, des œuvres céramiques du plus grand prix sont restées enfouies pendant des siècles, et nous sont parvenues intactes. Les armes de métal, les médailles,

les bijoux qu'on trouve dans les sépultures sont toujours plus ou moins altérés : les vases de terre sont
admirablement conservés et nous révèlent toute la
splendeur d'un art qui nous serait resté inconnu sans

Statuette en terre cuite de Tanagra.

cette circonstance : car la plus grande partie des
vases antiques qu'on admire dans les musées ou les
collections particulières, sont des vases funéraires.

L'usage de placer dans les tombeaux des vases
de terre cuite a été, comme nous l'avons dit, presque

général, et s'est même conservé chez les chrétiens jusqu'au xivᵉ siècle. Dans certaines parties de la Grèce
ancienne, on remplaçait ces vases par de petites figurines également en terre cuite. Destinées sans doute
à épargner au mort la solitude de la tombe, elles
étaient, en général, très grossièrement modelées à la
main, rappelant à peine la figure humaine Mais à
Tanagra, en Béotie, on trouve à côté de ces figurines
de style archaïque, les statuettes les plus variées, les
plus fines et les plus artistiques. Protégées par les
larges dalles qui recouvrent les tombes, ces statuettes
en terre cuite se sont conservées aussi fraiches que le
jour où elles y ont été déposées. Hautes en général de
15 à 25 centimètres, elles représentent des jeunes
femmes assises ou debout, élégamment drapées dans
une tunique dont les bords voilent souvent une partie
de la figure. Chaque tombeau en renferme plusieurs :
mais sur la dalle qui sert de couvercle à la tombe et
dans la terre qui la recouvre, on en trouve quelque
fois cinquante ou même cent, toutes cassées : elles
avaient probablement été jetées là, comme un dernier
souvenir, par les personnes qui ont accompagné le
mort à sa dernière demeure.

Évidemment toutes ces terres cuites se fabriquaient
au moyen d'un certain nombre de moules : mais l'artiste potier savait leur donner des aspects différents,
soit en retouchant les draperies des vêtements, soit
en changeant les têtes dont il avait une collection
nombreuse, soit enfin en modifiant les accessoires qui
accompagnent le sujet principal.

CHAPITRE II

LES POTERIES MODERNES

L'élément indispensable pour la fabrication d'une poterie est l'argile plastique ou simplement la terre argileuse. Mais cette matière ne suffit plus, si l'on veut, par exemple, fabriquer une assiette qui conserve sa propreté, lorsqu'on y aura mis des liquides, du beurre, de la graisse ou des aliments toujours plus ou moins gras.

L'argile cuite ou simplement desséchée *happe* à la langue, c'est-à-dire qu'appliquée à cet organe elle y adhère fortement. Une expérience très simple nous permet d'en trouver la raison : plongez dans l'eau une brique bien sèche et retirez-la presque aussitôt; l'eau qui la mouille disparaît rapidement et pénètre à l'intérieur par une foule de petits canaux. Un effet analogue se produit quand on touche l'argile avec la langue. L'humidité dont celle-ci est recouverte est absorbée dans mille petits tuyaux, fins comme des cheveux; l'aspiration qui en résulte fait coller la langue contre le morceau d'argile. La terre glaise desséchée ou cuite est donc poreuse. C'est pour cela que les vases en terre cuite laissent suinter l'eau qu'ils contiennent.

La plupart des poteries anciennes étaient poreuses et perméables aux liquides. Elles s'en imprégnaient et

2

s'en recouvraient extérieurement, sans les laisser cependant filtrer à travers leurs parois. Brongniart, l'ancien directeur de la manufacture de porcelaine de Sèvres, que nous aurons plusieurs fois à citer, a tenu une lampe antique en terre cuite allumée pendant plusieurs jours. Il s'attendait à voir l'huile suinter de toutes parts. Elle fut effectivement absorbée et traversa l'épaisseur de la lampe; mais elle s'est arrêtée à la surface extérieure et n'a pas coulé au dehors.

Un effet semblable se produit dans certains vases de terre nommés *alcarazas* en Espagne, *gargoulettes* dans les Indes. On les emploie dans les pays chauds pour maintenir fraîche l'eau destinée à la boisson. Ces vases sont en terre cuite : l'eau pénètre à travers les parois et recouvre bientôt la surface extérieure du vase d'une couche humide qui s'évapore à l'air et se renouvelle sans cesse. Pour s'évaporer, le liquide absorbe de la chaleur qu'il prend au vase; la température de celui-ci s'abaisse et se maintient à 7 ou 8 degrés au-dessous de celle de l'air extérieur.

Les briques, les tuiles, les pots à fleurs sont poreux comme les alcarazas. Cependant la plupart des poteries que l'on fabrique actuellement sont imperméables aux liquides et aux graisses : aussi peuvent-elles servir non seulement à la conservation, mais aussi à la cuisson des aliments. On arrive à ce résultat en enduisant la poterie d'un vernis, brillant comme le verre, qui lui donne en même temps un aspect plus agréable à l'œil. Examinez par sa tranche un morceau de marmite ou d'assiette cassée, vous distinguerez parfaitement la partie intérieure, que l'on appelle *pâte* de la poterie, et la couche extérieure de vernis, nommée ordinairement *couverte* ou *glaçure*. Si c'est un tesson de porcelaine que vous observez, la nature du vernis sera parfaitement reconnaissable. Il est extrêmement dur, transparent et se détache sous forme d'éclats très coupants : la couverte de la por-

celaine n'est autre chose que du verre. Il en est de
même de toutes les glaçures : bien qu'elles ne soient
pas toujours transparentes comme celle de la porcelaine, elles sont constamment formées par une matière vitreuse, aussi imperméable aux liquides que le
verre d'une bouteille et qui, recouvrant la poterie
sans laisser aucune fissure, la rend elle-même absolument imperméable.

Le vernis d'une assiette n'est pas appliqué à froid,
comme la peinture que l'on étale sur une muraille ou
sur une planche. On dépose à la surface de la poterie les matières qui doivent former le vernis et on la
soumet ensuite, dans l'intérieur d'un four, à une chaleur suffisante pour combiner et fondre les éléments de
cette espèce de verre. Après la cuisson, la poterie se
trouve recouverte d'un enduit analogue à cette couche
brillante de verglas, transparente comme le verre,
où l'on a peine à se tenir, tant elle est polie, et que la
pluie forme en se gelant sur la surface du sol fortement refroidi ; c'est cette ressemblance qui a valu au
vernis des poteries le nom de glaçure. On peut encore
le comparer à la couche vitreuse et cassante de sucre
qui recouvre les oranges glacées ou les amandes des
nougats. Il n'y a qu'une différence : le degré de la
cuisson doit être beaucoup plus fort pour fondre du
verre que pour fondre du sucre.

———

Il est un autre moyen de fabriquer des poteries
imperméables : c'est de les cuire à une température
excessivement élevée. On arrive ainsi non pas à
fondre la pâte même de la poterie, ce qui lui ferait
perdre sa forme, mais à la ramollir légèrement. Elle
éprouve un commencement de fusion ; ses divers éléments se soudent intimement les uns aux autres, et
l'on fait ainsi disparaître les petits canaux intérieurs
qui la rendent poreuse.

Ce résultat ne saurait être atteint avec des pâtes formées d'argile pure. Les chimistes sont parvenus, il est vrai, à fondre l'argile; mais les procédés qu'ils emploient ne sauraient être appliqués dans l'industrie. Il n'en est pas de même quand l'argile renferme certaines impuretés : ces dernières peuvent la rendre plus fusible. Le fait se constate très souvent dans la fabrication des briques les plus communes. En déblayant les tas de briques cuites en plein air, on les trouve, dans les points où la chaleur a été très forte, vitrifiées en partie : quelquefois même, les briques sont soudées ensemble, de telle sorte qu'il est impossible de les séparer sans les briser. Les premières sont de très bonne qualité; mais, dans le second cas, l'effet utile a été dépassé, et les briques ainsi collées par la chaleur sont perdues.

Le ramollissement de la pâte dans la fabrication des briques est un accident dû à l'impureté de la terre employée. Le progrès de l'industrie consiste à ne pas s'en rapporter au hasard pour obtenir un certain effet et à trouver le moyen d'arriver sûrement au résultat désiré. En mêlant aux argiles les plus pures certaines substances convenablement choisies, on augmente leur fusibilité dans une certaine mesure et l'on peut alors les employer à la préparation de pâtes céramiques capables de fournir, après la cuisson, des poteries imperméables. Grâce à une addition de cette nature, la pâte de la porcelaine est tellement compacte qu'elle laisse passer la lumière : elle n'est pas transparente comme le verre, mais translucide. C'est même cette demi-transparence qui caractérise la porcelaine : aussi l'expression de *porcelaine opaque* est-elle absolument impropre. Dès l'instant qu'une poterie est opaque, ce n'est plus de la porcelaine.

La cuisson à une haute température et le ramollissement de la pâte qui en est la conséquence communiquent aux poteries une propriété des plus importantes : c'est la dureté. Quelques poteries poreuses, telles que les briques ou les tuiles bien cuites, acquièrent une assez grande dureté pour faire feu sous le choc du briquet ; mais, en général, les poteries dures ne sont guère poreuses ; elles ont, au contraire, une structure très serrée. Les marchands et les personnes habituées à manier la poterie ont un moyen simple et pratique d'apprécier la dureté d'une pièce. Elles la choquent légèrement avec le doigt ou bien avec une autre pièce, et jugent de sa qualité par le son qu'elle rend. Les objets poreux, peu cuits ou dans lesquels existe quelque fissure, donnent un son mat, terreux Il devient un peu plus clair quand la cuisson a été forte. S'agit-il enfin d'une poterie dure, d'un saladier de porcelaine, par exemple, la sonorité devient éclatante, supérieure même quelquefois à celle du bronze

Mais l'appréciation la plus exacte est tirée de la définition même de la dureté. Un corps est moins dur qu'un autre quand il peut être rayé par lui. Or, tout le monde sait que l'on aiguise parfaitement un couteau de table, en le frottant contre la partie inférieure d'une assiette de porcelaine, à l'endroit où elle n'est pas recouverte par le vernis Le couteau s'use et des parcelles d'acier restent adhérentes à la surface de la porcelaine. Nous devons en conclure que la pâte de l'assiette est plus dure que l'acier.

Pour juger de la dureté d'une poterie, on gratte la pièce que l'on veut examiner avec un bon couteau d'acier, et l'on voit si l'on peut arriver à la rayer avec plus ou moins de peine. Toutes les poteries anciennes, à l'exception de la porcelaine chinoise, se laissent rayer par une faible pression de la main : cependant les poteries romaines sont, en général, un peu plus dures que les poteries grecques. Les objets de fabrication moderne sont plus durs : les uns peuvent être rayés en appuyant fortement avec le couteau ; les autres sont absolument inattaquables par la lame d'un couteau : ce sont les grès et les différents variétés de porcelaine, même celle que l'on désigne sous le nom de *porcelaine tendre.* Cette dénomination répond en effet, plutôt à un mode particulier de fabrication, qu'à un certain degré de dureté.

Il y a d'ailleurs souvent lieu de distinguer entre la dureté de la pâte et celle de la glaçure. Dans la porcelaine ordinaire, la pâte et la couverte sont à peu près aussi dures l'une que l'autre ; dans la faïence ordinaire, la couverte est plus dure que la pâte ; l'inverse a lieu pour les grés, les porcelaines tendres, et les faïences dites *cailloutages*, *faïences anglaises*, *faïences fines*.

———

Les caractères tirés de la dureté, l'aspect et la structure de la pâte ou de la couverte permettent de définir assez nettement les différentes espèces de poteries modernes et d'en donner une classification.

La première classe comprend les poteries dépourvues de couverte. Ce sont d'abord des objets divers de fabrication très commune, tels que les *briques*, les *tuiles*, les *tuyaux de drainage*, etc. ; quelques pièces de fantaisie ou d'ornement, comme les *alcarazas;* les imitations des poteries anciennes, si nombreuses aujourd'hui ; enfin les statuettes et objets d'art en *terre cuite* et en *biscuit de porcelaine.* A l'exception de ce dernier qui est blanc et très dur, toutes les autres poteries de cette classe sont grises ou plus ordinairement rougeâtres, poreuses et tendres : leur pâte se laisse facilement rayer au couteau.

Les poteries vernies forment deux classes que l'on peut distinguer entre elles par la dureté.

L'une renferme les poteries à pâte tendre, se laissant rayer au couteau. L'emploi d'une couverte est nécessaire quand les vases ainsi fabriqués doivent renfermer des liquides ; car la pâte reste poreuse après la cuisson Elle est toujours opaque et colorée : aussi a-t-on le soin de recouvrir d'une couverte également opaque, qui masque la coloration désagréable de la pâte. Les *poteries communes de ménage*, marmites, poëlons, plats en terre, à vernis jaune, brun ou vert, appartiennent à cette classe, ainsi que la *faïence ordinaire* dont la couverte blanche a reçu le nom d'émail. A côté de cette dernière, il faut placer la faïence artistique dont la couverte présente les teintes les plus variées et les plus riches.

L'autre classe est formée par les poteries dures que l'on ne peut rayer au couteau. On doit y comprendre d'abord la *faïence*, dite *fine*, dont la couverte offre des compositions assez variables, et dont la pâte fine, dure, blanche et opaque reste plus ou moins poreuse après la cuisson : on la désigne souvent en France sous les noms de porcelaine opaque, terre de pipe, cailloutage ; mais elle est surtout fabriquée en Angleterre.

Les principales espèces de poteries de cette classe sont les porcelaines et les grès-cérames [1]. Cuite à une haute température, leur pâte a éprouvé un commencement de fusion : aussi est-elle toujours imperméable aux liquides. Ces poteries pourraient à la rigueur se passer de couverte. On les vernit cependant pour leur donner un plus bel aspect. Leur glaçure est transparente et laisse voir la couleur de la pâte, grise dans les grès, d'un beau blanc dans les porcelaines. Ces dernières se distinguent des grès par la demi-transparence qu'elles

---

1. Brongniard a proposé l'expression de grès-cérame, pour distinguer la poterie de grès fabriquée avec une terre argileuse, des objets faits avec le grès, minéral naturel très dur, employé dans les constructions et le pavage.

acquièrent en cuisant et qui en fait presque une matière vitreuse La porcelaine dure est fabriquée avec une argile naturelle particulière, le *kaolin*. Quant à la porcelaine tendre, sa pâte est formée d'un mélange artificiel qui ne renferme pas d'argile; elle se rapproche donc du verre.

Nous résumerons dans le tableau suivant les caractères qui servent à distinguer les différentes poteries :

Poteries sans couverte.
- Tendres.
  - Briques, tuiles, etc.
  - Alcarazas et vases mats.
  - Terres cuites.
- Dures.
  - Biscuit de porcelaine.

Poteries enduites d'une couverte.
- Tendres.
  - Vernissées. Poteries ménagères communes.
  - Emaillées. Faïence.
- Dures.
  - A pâte poreuse. Faïence fine. Terre de pipe.
  - A pâte imperméable.
    - Opaques. Grès-cérames.
    - Translucides.
      - Porcelaine dure ou kaolinique.
      - Porcelaine tendre ou vitreuse.

CHAPITRE III

FABRICATION DES POTERIES

Le choix des matériaux à employer, les détails de la fabrication changent évidemment avec l'espèce de poterie. Mais il est un certain nombre d'opérations qui s'exécutent toujours de la même façon ; on y apporte seulement plus ou moins de soins, suivant que l'on fabrique des objets destinés à l'usage domestique ou des pièces ornementales de grande valeur Ce sont : la préparation des pâtes, le façonnage des pièces, l'application des couvertes et vernis, la cuisson dans les fours.

1° Préparation des pâtes

Toute pâte destinée à fabriquer une poterie doit posséder une plasticité suffisante, c'est-à-dire se prêter aisément au façonnage sans se diviser entre les mains du potier. L'argile possède au plus haut degré cette qualité. Fort répandue dans la nature, elle provient de la décomposition lente d'une roche extrêmement dure, le feldspath, qui cependant ne résiste pas à l'action prolongée des agents atmosphériques. L'argile qui résulte de cette décomposition peut rester mélangée à la roche elle-même : c'est ce qui arrive pour

le *kaolin*, argile blanche, employée à la fabrication
de la porcelaine. Mais le plus souvent les argiles,
entraînées par les eaux, forment des dépôts où elles
se mêlent à d'autres substances minérales. On dis-
tingue donc :

Les *argiles plastiques*, assez pures et souillées
seulement d'un peu de matières ferrugineuses. On
les emploie à la fabrication des grès, des faïences
dites terre de pipe : leur infusibilité presque absolue
les rend précieuses pour faire des creusets, des pots
de verrerie et en général tous les objets qui doivent
supporter une température très élevée.

Les *argiles figulines*, moins liantes et moins
tenaces que les précédentes et qui contiennent déjà
une certaine quantité de calcaire ou craie. Elles servent à faire les faïences communes, les terres cuites,
les briques.

Les *marnes argileuses*, dans lesquelles la propor-
tion de calcaire devient plus considérable, peuvent
servir aux mêmes usages que les argiles figulines.
Très abondantes, faciles à extraire parce qu'elles se
trouvent à la surface du sol, elles sont précieuses
pour la fabrication des poteries communes.

Les *marnes limoneuses*, plus faciles à travailler
encore, se rencontrent dans les vallées, à l'embou-
chure des grands fleuves. Utilisées partout à la confection des poteries grossières, elles ont fourni les
éléments des plus anciennes œuvres céramiques.

L'argile seule n'est jamais employée à la fabrication des poteries. Nous avons déjà dit qu'on y ajoutait
souvent des matières destinées à augmenter la fusibilité de la pâte; mais ce n'est pas tout. Une pâte
trop argileuse éprouve à la cuisson une grande dimi-
nution de volume, un *retrait* considérable. Les vases
ainsi fabriqués se déformeraient au feu, et éprouve-
raient des fendillements, des déchirures même qui les
mettraient hors de service. Pour obvier à cet incon-

vénient, on introduit dans la pâte une autre matière, qui prend le nom de *ciment* : c'est ce qu'on appelle *dégraisser* l'argile.

Les substances dégraissantes varient avec l'espèce de poteries. Pour les plus belles, on se sert de quartz pulvérisé, de sable fin et bien blanc. Le sable ordinaire, les galets et les cailloux réduits en poudre, sont utilisés pour les poteries ordinaires ; la terre cuite plus ou moins broyée, la brique pilée, pour les poteries grossières. Les scories vitreuses qui proviennent de la combustion de la houille et que l'on désigne sous le nom de *mâchefer*, sont fréquemment mélangés à la pâte destinée à faire les briques. Dans les cas enfin où l'on veut conserver à la poterie cuite une grande porosité, on ajoute à la pâte une certaine quantité de sciure de bois : elle se décompose au feu et laisse de nombreux vides après la cuisson.

———

Les matières dont se compose la pâte doivent être d'une grande finesse ; il faut en éliminer avec soin les fragments pierreux ou même les grains trop grossiers qu'elles contiennent. Pour y arriver, les matières premières, bien broyées si cela est nécessaire, sont délayées dans une grande quantité d'eau : les parties les plus fines restent en suspension dans l'eau, et forment une sorte de bouillie claire, tandis que les grains de sable ou les parcelles plus grosses se déposent rapidement au fond. La cuve dans laquelle se fait l'opération du lavage est munie d'un robinet placé à un niveau plus élevé que la hauteur du dépôt qui s'y forme. Après quelques minutes de repos, on ouvre ce robinet et on *décante* le liquide trouble, c'est-à-dire qu'on le fait passer dans une deuxième cuve. Un nouveau dépôt s'y forme peu à peu, constitué par des parcelles terreuses déjà très fines : et l'eau ne retient au bout d'un certain temps que des particules solides

d'une extrême ténuité. On les sépare quelquefois par
une nouvelle décantation, après laquelle on laisse
l'eau s'éclaircir complètement ; on obtient ainsi un
troisième dépôt de matière bonne à employer. Le
nombre des décantations augmente évidemment avec
le degré de finesse des poteries que l'on veut fabriquer.

Ainsi purifiées séparément, les substances diverses,
argile et ciment, sont ensuite mélangées en propor-
tion convenable et d'une manière aussi parfaite que
possible. La pâte est cependant loin d'être prête. Pour
faire un bon mélange, il a fallu employer des matières fortement délayées ; aussi doit-on laisser la pâte
se *raffermir*, c'est-à-dire perdre, par la dessiccation, la
plus grande partie de son eau. On y arrive en l'aban-
donnant à l'air, en l'exposant à une douce chaleur
ou bien encore en la comprimant fortement dans des
sacs en toile serrée.

La pâte convenablement raffermie est pétrie avec
le plus grand soin afin de rendre le mélange bien uniforme. Ce résultat s'obtient ordinairement par le *mar-
chage ;* il consiste à faire piétiner la masse par un
homme qui marche dedans pieds nus. C'est une opération que subissent toutes les pâtes, depuis celle des
briques les plus grossières jusqu'à celle des plus belles
porcelaines. Elle a été pratiquée de toute antiquité :
car on la voit représentée sur les monuments de l'ancienne Égypte, et les livres saints y font allusion,
lorsqu'ils mettent dans la bouche du prophète Isaïe
ces expressions : « Il foulera le peuple, comme le
potier foule l'argile sous ses pieds. » Pour les poteries fines, le pétrissage s'achève en battant la pâte
avec des pilons de bois, et en la divisant en boules
que l'on réunit ensuite. On reconnaît que la pâte a
été suffisamment travaillée, lorsqu'en la brisant entre
les doigts, on n'aperçoit plus aucune bulle d'air à l'intérieur.

La plupart de ces opérations s'exécutent aujourd'hui mécaniquement. Elles exigent les plus grands soins et la plus grande propreté. Il faut éviter à tout prix que des poussières ou d'autres matières organiques ne s'incorporent dans la pâte. La présence d'un cheveu ou du plus léger fétu de paille suffit pour gâter une belle pièce de porcelaine : la matière organique se décompose pendant la cuisson et les gaz qu'elle dégage produisent des soufflures ou des fentes. Lorsqu'on réfléchit à tous ces détails et à toutes les précautions qu'exige la mise en œuvre de la pâte, on comprend combien il est rare de trouver de grands vases absolument sans défauts et pourquoi leur prix doit toujours être assez élevé.

Les qualités que les pâtes céramiques acquièrent par le pétrissage augmentent par l'ancienneté. Tous les fabricants admettent que les pâtes anciennes se travaillent mieux que les neuves; les pièces qui en sont faites se gauchissent et se fendent moins en séchant ou en cuisant. Mais pour que cet effet favorable se produise, il faut que la pâte soit conservée humide : du moment où elle se dessèche, elle ne vieillit plus. On assure que dans certaines fabriques de Chine, la pâte à porcelaine n'est employée que vieille d'un siècle au moins : ce procédé serait même économique, parce que son emploi ferait presque disparaître les pièces défectueuses.

La pâte humide qui vieillit éprouve une altération particulière que l'on nomme *pourriture*. Elle devient d'abord grisâtre, quelquefois même presque noire à l'intérieur, et dégage une odeur très prononcée d'œufs pourris. La partie extérieure reste d'ailleurs blanche et la coloration de la masse disparaît au contact de l'air. Dans l'opinion commune, la pourriture est comme l'ancienneté, nécessaire à la bonne qualité d'une pâte.

2° FAÇONNAGE DES PIÈCES.

Lorsque la pâte a acquis toutes les qualités désirables, il s'agit de la mettre en œuvre. L'ouvrier commence toujours par lui faire subir un dernier pétrissage à la main; il la manipule, la comprime et la réduit en boules qu'il lance avec force contre la table de travail : après quoi il procède au façonnage des pièces. On emploie pour cela différents procédés : le travail sur le tour, quand il s'agit de pièces rondes, le moulage par impression et le coulage. Enfin les belles pièces, avant d'être mises au four, sont retouchées à la main, pour en corriger les imperfections.

Le tour à potier est un des plus anciens instruments de l'industrie humaine. Il a été connu en Chine de toute antiquité. On l'employait en Égypte, dix-neuf siècles au moins avant l'ère chrétienne, ainsi que le montrent les peintures retrouvées sur les murailles de Thèbes. Son introduction en Grèce est attribuée à Thalos, neveu de l'architecte et sculpteur Dédale, qui vivait 1200 ans avant Jésus-Christ. Il s'est d'ailleurs conservé jusqu'à nos jours, presque avec sa simplicité primitive.

Le tour à potier consiste en un axe vertical surmonté d'une tablette circulaire sur laquelle l'ouvrier colle la pâte humide qu'il veut travailler. A la partie inférieure de l'axe est fixé un grand disque horizontal en bois, quelquefois une roue de voiture ; l'ouvrier, assis sur son banc, appuie le pied droit sur le disque, le fait tourner et met ainsi l'appareil en mouvement. Il existe aujourd'hui beaucoup d'ateliers où les tours sont mus par une machine : l'ouvrier n'a plus qu'à embrayer ou débrayer une courroie.

Le premier travail que subit la pâte est l'*ébauchage :* il consiste à lui donner la forme voulue avec la main, sans l'aide d'aucune espèce de moule ou d'appui, sans même qu'il soit nécessaire d'employer aucun outil de bois ou de métal. Pour ébaucher sur le tour, l'ouvrier prend une quantité de pâte humide proportionnée au volume de la pièce qu'il veut faire ; il mouille ses mains avec une bouillie très claire d'eau et de pâte délayée qu'on nomme *barbotine*, et

Tour à potier.

met le tour en mouvement. Il presse alors sur la pâte, l'élève en une sorte de pain conique, puis la rabaisse : il enfonce ensuite ses deux pouces au centre de la masse et l'élève de nouveau en pinçant les bords entre le pouce et les autres doigts. Il continue ainsi, en ayant soin de tenir toujours la masse humectée de barbotine, diminue peu à peu l'épaisseur des parois, et parvient à obtenir la forme voulue, par la seule pression des mains ou par celle d'une éponge mouillée. Quand il s'agit de grandes pièces, l'ouvrier est obligé de se tenir debout et même d'allonger les bras. Pour apprécier les dimensions de l'objet qu'il fabrique, il se sert du compas d'épaisseur et d'une règle verticale, le long de laquelle peuvent glisser de petites tiges horizontales, comme repères.

L'ébauchage est l'opération la plus difficile que le potier ait à faire. Elle est d'autant plus importante que les résultats d'un mauvais ébauchage ne s'aperçoivent souvent qu'après la cuisson. La moindre inégalité dans la pression exercée par les doigts ou par l'éponge

Formes d'un vase pendant l'ébauchage.

amène une inégalité dans le retrait que la pâte subit ultérieurement, et par suite des déformations et même des fêlures. Les défauts provenant d'un ébauchage imparfait se reconnaissent ordinairement au *vissage* des pièces. Il consiste en des sillons plus ou moins profonds qui, partant du pied d'un vase, s'élèvent en tournant comme les pas d'une vis. Les contours sont altérés et les accessoires, comme les anses, sont rejetés de travers.

L'ébauchage est la seule opération que subissent les poteries communes. La pièce ébauchée est détachée du tour au moyen d'un fil de laiton, puis aban-

donnée à elle-même pour la laisser se dessécher jusqu'au moment de la mettre au four. Mais il n'en est
pas de même des pièces soignées : l'ébaucheur leur
donne seulement la forme générale qu'elles doivent
avoir, et laisse à leurs parois une épaisseur considérable que l'on diminue ensuite par le *tournassage*.

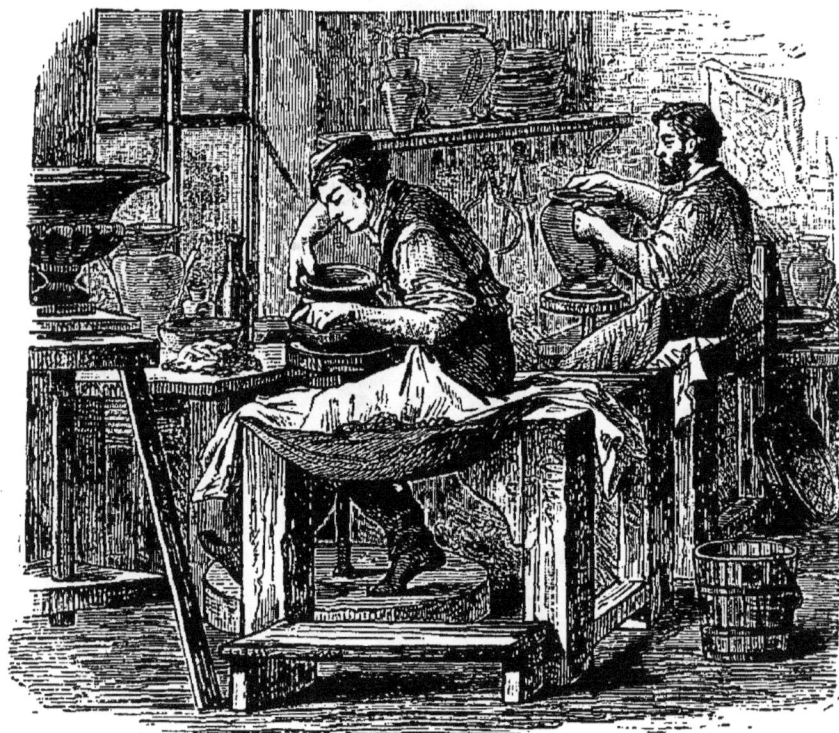

Ébauchage et tournassage.

Au bout de quelque temps, la pièce ébauchée
acquiert par la dessication une consistance suffisante
pour supporter l'effort d'un outil. On la remet alors
sur le tour, en ayant soin qu'elle soit parfaitement
centrée. Le tour à tournasser est souvent un tour à
potier ordinaire ; mais souvent aussi c'est un tour à
axe horizontal, analogue à celui des tourneurs en
bois ou en fer. On le nomme alors *tour en l'air*,
parce que la pièce, attachée à l'extrémité de l'axe,
tourne suspendue pour ainsi dire en l'air.

L'ouvrier tournasseur donne plus de fini aux contours de la pièce en l'entamant avec des outils tran-
chants, ordinairement très simples et formés de
petites lames d'acier auxquelles il donne lui-même la
courbure convenable Il obtient ainsi des surfaces
élégantes, des moulures, des filets, des gorges que
l'ébaucheur ne peut faire. Il achève ensuite la pièce
en la polissant et en bouchant avec soin les petits

Pièce ébauchée.

trous qui peuvent exister sur la surface. Les copeaux
de pâte détachés par le tournassage sont mis de côté;
mêlés à la pâte fraîche, ils lui donnent une qualité
supérieure.

Le moulage s'exécute avec toutes sortes de pâtes
et sur toutes pièces, depuis les briques jusqu'aux
statues. Il suppose l'emploi d'un moule sur lequel la
pâte céramique doit être appliquée pour en prendre
la forme. Quant au moule, il est fait lui-même d'après
un modèle qui a la forme de l'objet à fabriquer. On
a souvent dit que les premiers objets ayant servi à
faire des moules furent des fruits qui, en pourrissant,
permettaient de vider facilement le moule de son
modèle : mais il n'existe guère de poteries anciennes
ayant cette forme, bien que le procédé de moulage
ait été employé par les Grecs et les Romains.

Les moules que l'on emploie aujourd'hui sont tou-

jours en matière poreuse, capable d'absorber l'eau, le
plus ordinairement en plâtre. Un moule se compose
souvent de plusieurs pièces que l'on peut séparer les
unes des autres pour sortir la pièce fabriquée : elles
sont réunies, pendant l'opération, au moyen d'une

Moulage à la croûte.

sorte de boîte qui les serre extérieurement. Quelque
soin que l'on mette à la confection du moule, il reste
toujours sur la pièce que l'on en retire des filets sail-
lants correspondants aux jointures des différentes
portions du moule : on s'arrange de façon qu'elles ne
se trouvent pas sur des parties trop en évidence, et
on les détache au moyen d'un outil tranchant.

L'opération du moulage se fait de trois façons que
l'on appelle *moulage à la balle, moulage à la croûte*
et *moulage en housse*.

Pour mouler à la balle, on comprime dans toutes

les cavités de chaque partie du moule, le plus également possible, de petites balles de pâte préparées d'avance : puis on réunit les diverses pièces du moule. Les différentes portions de pâte se collent entre elles ; elles se détachent en même temps du moule, parce qu'il absorbe l'humidité de la pâte et que celle-ci éprouve un retrait. Aussi, lorsqu'au bout d'un certain temps, on démonte le moule, la pièce en sort d'elle-même.

Le moulage à la croûte consiste à faire sur une table de pierre dure une *croûte*, ou lame de pâte bien égale en épaisseur et en densité. A cet effet, on étale sur la table une toile serrée ou une peau de daim pour servir de support à la croûte ; on y met une balle de pâte et on l'aplatit avec un rouleau. L'épaisseur de la croute est déterminée au moyen de 2 règles plates disposées de chaque côté et sur lesquelles s'appuie le rouleau. On enlève la croûte avec la peau, et on l'applique sur la partie convexe, ou *noyau* du moule : on sépare la peau et on comprime la croûte avec une éponge mouillée. On recouvre alors le tout avec la partie creuse du moule (voir sur la figure, près du pied de la table) ; elle représente l'extérieur de la pièce dont l'autre partie a donné l'intérieur. Ce moule plus sec agit par une sorte d'aspiration et enlève la croûte au noyau sur lequel elle était posée. On retourne alors le dessus du moule. On presse avec l'éponge comme précédemment, puis on laisse la pièce. Elle se dessèche et finit par se détacher du moule.

Le moulage à la housse est une combinaison de l'ébauchage et du moulage. L'ouvrier ébauche sa pièce, comme s'il devait la finir sur le tour, et lui donne autant que possible la forme et l'épaisseur qu'elle doit avoir. La pièce ainsi préparée et encore molle prend le nom de *housse* : on la porte dans un moule creux formé d'une seule partie et on l'y applique exactement avec l'éponge mouillée. Ce procédé s'emploie surtout pour les pâtes délicates qui achèvent ainsi de se dessécher, soutenues par le moule ; mais il ne convient que pour certaines formes, telles que jattes, bols, saladiers, tasses, qui permettent d'introduire la

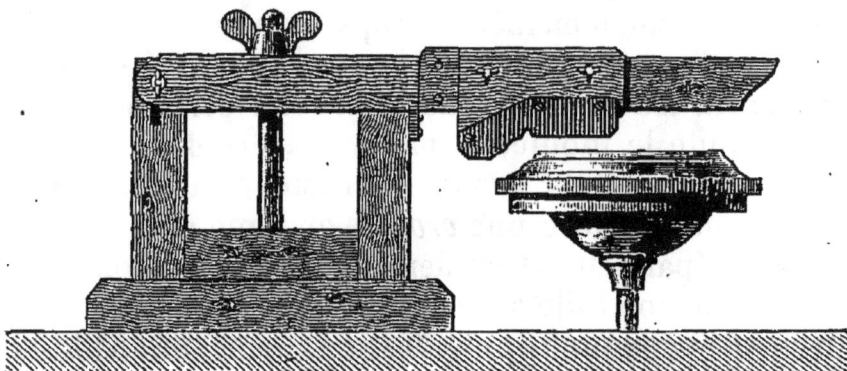

Calibrage des assiettes.

pièce dans le moule et de la faire sortir ensuite. Pour fabriquer les assiettes, on emploie les divers

Ouvrier potier fabriquant une assiette.

modes de moulage, et l'on termine en tournassant la pièce avec un *calibre* : c'est un outil d'une forme déterminée qui donne à l'assiette les dimensions voulues.

Le moule à assiette est en plâtre : il se fixe sur le tour et reproduit la partie intérieure de l'assiette. Pour les pièces très soignées, on y applique une housse ébauchée à l'avance; mais le plus souvent on le recouvre avec une croûte, ou bien avec une balle que l'on comprime à la main. On met alors le tour en mouvement et on soumet la pâte à l'action d'un couteau d'acier, qui glisse le long d'un support, et dont le tranchant reproduit le demi-profil de la surface extérieure de l'assiette. L'ouvrier fait descendre le couteau progressivement de manière à entamer peu à peu l'assiette et à lui conserver l'épaisseur convenable. Il juge que ce point est atteint à des repères qu'il a eu soin de placer à l'avance sur le support du couteau. On retire le moule, et l'assiette s'en détache au bout de quelque temps par l'effet de la dessication.

Toutes les personnes qui visitent une manufacture de porcelaine sont étonnées de la grande taille des assiettes qu'on y fabrique. Cela tient à ce que nous voyons constamment des assiettes terminées et qui ont subi la cuisson; tandis que celles que l'on voit fabriquer doivent éprouver en se desséchant et en cuisant un retrait fort considérable.

———

L'un des procédés de façonnage les plus curieux est celui qui porte le nom de *coulage*. On verse dans un moule en plâtre bien sec, une bouillie très claire, une sorte de crème formée d'eau et de pâte céramique. Le moule absorbe rapidement une partie de l'eau : la portion de pâte qui s'y trouvait délayée, s'applique sur la cavité du moule et y reste adhérente lorsqu'on renverse l'excédent de barbotine employée. La dessication continue et la pâte peut, au bout d'un certain temps, se détacher du moule dont elle reproduit tous les détails avec la plus grande fidélité. La couche de pâte déposée pendant cette opération est évidemment très faible : aussi peut-on fabriquer par ce procédé des objets très minces, des tasses qui n'ont, pour ainsi dire, que l'épaisseur d'une feuille de papier. On peut d'ailleurs augmenter cette épaisseur en faisant dans un même moule plusieurs coulages successifs.

Imaginé vers la fin du siècle dernier, le procédé de coulage ne s'applique qu'à certaines poteries, les porcelaines, par exemple. Aussi est-ce à la manufacture de Sèvres qu'il a été employé tout d'abord et perfectionné ensuite.

Le moule doit être très poreux et bien sec; il faut donc en avoir un grand nombre à sa disposition. Il ne doit pas offrir d'angles rentrants, et si la pièce en présente, elle doit être coulée en plusieurs parties que l'on réunit ensuite. Mais le succès de l'opération dépend surtout de la qualité de la pâte employée. On la prend très ancienne et composée pour moitié de tournassures. On l'amène, en la délayant dans l'eau, à l'état de barbotine claire, bien exempte de grumeaux et de bulles d'air. Pour lui donner cette importante homogénéité, on la passe dans un tamis fin, et on la remue doucement et longtemps avec une spatule de bois. On apporte enfin dans l'opération même du coulage les plus grands soins; on remplit le moule bien régulièrement, en évitant tout remous du liquide, afin que l'épaisseur du dépôt soit bien uniforme; car autrement la pièce se déformerait à la cuisson.

On fabrique par coulage les grandes plaques de porcelaine destinées à la peinture et à la reproduction des tableaux, les tubes et les cornues de porcelaine employés par les chimistes, les tasses et les soucoupes minces, imitées de la Chine, les jattes, les pots à sucre, les colonnettes qui entrent dans la composition des grandes pièces; on a même coulé des vases ayant jusqu'à 90 centimètres de hauteur; mais en général, le coulage s'applique surtout aux petites pièces.

S'agit-il de couler une tasse à café; le moule est

tout simplement un bloc de plâtre creusé d'une cavité dans laquelle on verse la barbotine : on obtient ainsi le corps de la tasse; le bord inférieur est ajouté après coup. L'anse est coulée dans un moule formé de deux pièces; elle est creuse et se colle après la tasse. Quant à la soucoupe, elle se coule également sans le rebord inférieur que l'on réunit ensuite.

Les belles poteries, après avoir été façonnées par l'un des procédés indiqués, sont retouchées pour faire disparaître les imperfections extérieures et y ajouter des ornements ou quelques garnitures nécessaires. Ce travail exige de l'adresse, une grande légèreté de main et un certain goût artistique, qualités qu'il est plus facile de rencontrer que celles du mouleur et surtout de l'ébaucheur. Il faut enlever les coutures des moules, sans comprimer la pâte, car elles reparaîtraient à la cuisson; il faut boucher avec de la pâte les bulles, cavités ou gerçures que le moulage a produites, ou que le tournassage a mises à découvert; il faut ouvrir à la main les ouvertures ou les jours que l'on voit sur quelques pièces; les corbeilles par exemple; il faut, au moyen de sortes de cachets, imprimer les ornements qui se répètent sur une même pièce ou sur les différentes pièces d'un service. Toutes ces opérations doivent être faites avec beaucoup de soin, pour ne pas compromettre les qualités plus sérieuses qui résultent du façonnage proprement dit.

L'achèvement des pièces comprend encore les opérations de collage ou de réunion. Il arrive souvent qu'une grande pièce est façonnée en plusieurs parties qu'il s'agit de réunir. Dans tous les cas d'ailleurs, depuis les poteries les plus communes jusqu'aux plus précieuses, on fait toujours séparément le corps de la pièce, les anses, les becs, les pieds, les ornements en

saillie, toutes choses qu'il faut alors coller ensemble.
Le façonnage de ces garnitures ne diffère pas de celui
des pièces; elles sont ordinairement moulées. Cependant certaines garnitures pleines se fabriquent d'une
façon curieuse : la pâte est mise dans un cylindre très
résistant, percé d'un trou à la partie inférieure; un
piston que l'on fait pénétrer avec force dans le cylindre
comprime la pâte et la fait sortir par le trou sous
forme de boudin. S'agit-il de faire l'anse d'un pot-à-eau, on coupe la longueur voulue de ce boudin, on lui
donne la courbure convenable et on le colle par les
deux bouts à la pièce ébauchée sur le tour.

Les parties à réunir par le collage doivent remplir
certaines conditions : il faut qu'elles soient au même
degré de dessication, fabriquées avec des pâtes ayant
le même retrait et autant que possible par le même
procédé. L'ouvrier approche la garniture de la pièce,
marque les points d'attache, et grave des raies croisées
sur les surfaces d'application de manière à les rendre
rugueuses. Il les enduit alors de barbotine au moyen
d'un pinceau et colle la garniture. L'adhérence est
parfaite, si la barbotine est au degré convenable et
les deux pièces suffisamment sèches.

Cette opération n'est pas aussi simple qu'elle le
paraît : un détail le montrera. Le visiteur d'une fabrique de porcelaine, qui voit pour la première fois coller une anse à une pièce façonnée au tour, a presque
toujours envie d'avertir charitablement l'ouvrier qu'il
la met de travers. En effet, si l'anse est un peu longue
et attachée, comme d'ordinaire, par les deux extrémités, la pièce en cuisant se retire inégalement et
tourne un peu sur elle-même dans le sens contraire
à celui où elle a été façonnée : elle emporte le bas de
l'anse et change un peu sa direction. Il faut donc que
le garnisseur prévoie ce mouvement, l'évalue exactement et applique l'anse obliquement pour qu'elle
soit verticale après la cuisson. Ces difficultés devien-

nent encore plus grandes, lorsqu'il s'agit de coller ensemble les morceaux d'une grande pièce.

3° APPLICATION DES VERNIS.

Le vernis des poteries, appelé aussi glaçure ou couverte, est un enduit vitreux destiné à rendre la poterie imperméable aux liquides et surtout aux matières grasses : il lui donne en même temps un éclat, quelquefois même une couleur agréable à la vue. Certaines connaissances chimiques très élémentaires sont indispensables pour comprendre le rôle et le mode d'application des couvertes.

Tout le monde connaît les métaux usuels, le fer, le zinc, l'étain, le plomb, le cuivre, le mercure, l'argent et l'or : d'autres métaux, l'aluminium, le magnésium, le potassium, le sodium ne se rencontrent guère que dans les laboratoires. Presque tous les métaux peuvent s'altérer à l'air, surtout à une température élevée : ils brûlent, presque comme le charbon, en s'unissant à l'oxygène de l'air. On dit qu'ils *s'oxydent*. Ils se transforment alors en corps nouveaux, ne ressemblant en rien aux métaux et que l'on nomme des *oxydes*. On peut en citer de nombreux exemples.

Un morceau de cuivre bien brillant, chauffé à l'air, se recouvre d'une croûte noire d'oxyde de cuivre. Quand le forgeron bat le fer rouge, il s'en détache des parcelles qui brûlent en donnant de vives étincelles; l'oxyde de fer qui résulte de cette combustion est également noir : la rouille qui prend naissance quand le fer s'oxyde dans l'air humide est, au contraire, rougeâtre. Du papier d'étain ou papier à chocolat passe, quand on le chauffe à l'air, à l'état de poudre grise d'oxyde d'étain. Il en est de même du plomb : maintenu pendant longtemps à une haute température, il donne naissance à de l'oxyde de plomb, tantôt jaune, c'est la *litharge*, tantôt rouge, c'est le *minium.* Ajoutous enfin que le zinc et le magnésium brûlent avec une flamme des plus éclatantes et se convertissent en poussières blanches très légères de magnésie et d'oxyde de zinc. Quant au potassium et au sodium, ils sont tellement oxydables à l'air, qu'on ne peut les y exposer quelques instants sans les voir se recouvrir d'une croûte d'oxyde de potassium ou potasse, d'oxyde de sodium ou soude. La chaux si employée dans les arts est également un oxyde métallique.

Les oxydes métalliques sont un des principes constituants des verres ; l'autre est la *silice*, ou *acide silicique* des chimistes, que tout le monde connaît sous ses formes diverses de sable, de grès, de caillou, de silex, de cristal de roche ou quartz. Bien que les chimistes soient parvenus à en opérer la fusion, la silice résiste sans se fondre à la plus forte chaleur que nous puissions produire dans nos foyers. Il n'en est plus de même lorsqu'on la chauffe après l'avoir mélangée à un oxyde métallique. Que l'on place au milieu d'un foyer un pot de terre, ou *creuset*, contenant un mélange de sable et de potasse, la masse ne tarde pas à entrer en fusion : la silice et la potasse se combinent, et forment du *silicate de potasse* qui, après refroidissement, ressemble tout à fait au verre ordinaire.

Tous les verres sont des silicates métalliques, c'est-à-dire des combinaisons obtenues en fondant, sous l'action de la chaleur, la silice avec un ou plusieurs oxydes métalliques. Ainsi le verre à vitres ordinaire est un mélange de silicates de soude et de chaux; le verre de Bohême est un silicate de potasse et de chaux, le cristal un silicate de potasse et d'oxyde de plomb.

Ces différents verres sont blancs : mais il suffit d'y introduire certains oxydes particuliers pour obtenir des verres colorés. Ainsi le verre à bouteilles, fabriqué comme le verre à vitres, mais avec un sable ferrugineux, est coloré en vert parce qu'il contient du silicate de fer. L'oxyde de cuivre et l'oxyde de chrome donnent aussi au verre une teinte verte, mais avec des nuances différentes; avec l'oxyde de cobalt, on obtient un beau verre bleu; l'oxyde de manganèse colore les verres en violet. Propriétés curieuses dont nous trouverons l'application dans la peinture sur porcelaine.

La facilité plus ou moins grande avec laquelle les silicates fondent sous l'action de la chaleur joue un rôle important dans la fabrication des vernis de poteries, vernis qui ne sont autre chose que des verres ou silicates.

La potasse et la soude forment avec le sable des composés qui fondent très aisément à la chaleur rouge : introduites dans le verre ou mélangées à d'autres silicates difficiles à fondre, elles en augmentent beaucoup la fusibilité. La nature en fournit un exemple remarquable. L'argile, cet élément essentiel de la pâte des poteries, est un composé de silice et d'oxyde d'aluminium : c'est un silicate naturel d'alumine. Elle est infusible aux températures que l'on peut réaliser industriellement. Le feldspath, au contraire, silicate naturel d'alumine et de potasse, peut être fondu à une température élevée. On tire parti de cette propriété pour vernir les porcelaines. Leur couverte vitreuse et transparente est formée de feldspath fondu à la surface de la pâte argileuse. La température du four à porcelaine, insuffisante pour fondre l'argile, amène la fusion du feldspath.

L'oxyde de plomb a, sous ce rapport, des propriétés analogues à celles de la potasse et de la soude; c'est un des oxydes les plus fusibles que l'on connaisse. Aussi est-il employé pour faire le vernis des poteries communes : sa grande fusibilité permet de les cuire à une température moins élevée et sans grande dépense de combustible. Cette économie n'est pas exempte de dangers. Si la cuisson a été opérée à une température trop basse, l'oxyde de plomb introduit dans le vernis fond sans se combiner complètement avec le sable : la glaçure est alors formée en grande partie d'oxyde de plomb simplement fondu et attaquable par les substances acides, telles que le vinaigre. Lorsqu'on emploie ces poteries aux usages domestiques auxquels elles sont destinées, une partie notable du vernis plombeux se dissout ; et comme les composés de plomb sont vénéneux, la préparation des aliments dans des poteries communes mal cuites, peut amener les accidents les plus graves.

COMPOSITION DES VERNIS POUR POTERIES COMMUNES (MARMITES, POÊLONS, PLATS, ETC.) FABRIQUÉES AUX ENVIRONS DE PARIS.

	VERNIS JAUNE	VERNIS BRUN	VERNIS VERT
Minium (oxyde de plomb)....	70	64	65
Argile de Vanves............	16	15	16
Sable de Belleville..........	14	13	16
Oxyde de manganèse naturel.	»	6	»
Oxyde ou battitures de cuivre.	»	»	3
	100	100	100

Bien différents du silicate de plomb, les composés de silice et d'oxyde d'étain sont presque infusibles. Si l'on fond un mélange de sable, d'oxyde de plomb et d'oxyde d'étain, les deux premières substances forment un verre fusible dans lequel l'oxyde d'étain ne se dissout qu'imparfaitement. La transparence du verre disparaît, par suite de ce mélange, et l'on obtient une matière vitreuse, mais opaque : c'est l'*émail*, employé pour la couverte des faïences.

COMPOSITION D'ÉMAUX POUR FAÏENCES

ÉMAIL BLANC	ÉMAIL DUR	ÉMAIL TENDRE
Oxyde d'étain......................	10	8,5
Minium (oxyde de plomb).........	36	36,5
Sable	44	47
Sel commun	8	4
Soude..........	2	4
	‾100	100,0

ÉMAIL JAUNE :	Émail blanc......................	91
	Oxyde d'antimoine..............	9
ÉMAIL BLEU :	Émail blanc........	95
	Oxyde de cobalt (azur)	5
ÉMAIL VERT PUR :	Émail blanc....................	95
	Oxyde de cuivre (battiture).... ...	5
ÉMAIL VERT PISTACHE :	Émail blanc	94
	Oxyde de cuivre................	4
	Oxyde d'antimoine........	2
ÉMAIL VIOLET :	Émail blanc....................	96
	Oxyde de manganèse........	4

On voit, en résumé, que le vernis de la porcelaine est un verre feldspathique, celui des poteries communes un verre plombeux, enfin celui de la faïence un verre plombeux, tendre, opaque et transformé en émail par une addition d'oxyde d'étain.

———

Il s'agit maintenant de déposer à la surface de la poterie les matières vitrifiables qui doivent, après la cuisson, former la glaçure. On emploie le plus ordinairement le procédé par immersion. Il ne s'applique qu'aux pâtes assez poreuses pour absorber l'eau avec avidité, et assez résistantes pour être plongées dans ce liquide sans se délayer. On les amène à l'état convenable par une dessication complète, souvent même par un premier degré de cuisson qu'on appelle le *dégourdi*.

L'enduit vitrifiable, broyé aussi finement que pos-

sible, est délayé dans l'eau, et pour l'empêcher de
se déposer, on agite fréquemment la masse liquide
On plonge alors rapidement, avec adresse, la pièce à
vernir dans le liquide trouble. L'eau pénètre dans les
pores de la pâte, où elle s'absorbe, et la matière
solide qu'elle tenait en suspension forme à la surface
de la pièce un enduit mince et régulier. Il aura
l'épaisseur convenable, si le dosage d'eau et de vernis
composant le bain a été bien fait, si la durée d'immersion a été juste suffisante, et si l'on n'a laissé
dans le liquide aucune partie de la pièce plus longtemps qu'une autre. Les bords prennent cependant
moins de glaçure que le milieu de l'objet à vernir, et
les points par lesquels on le tient n'en prennent pas
du tout. On corrige ces imperfections en retouchant
la pièce avec un pinceau plongé dans le bain liquide.
Une autre retouche consiste à enlever avec une lame
ou un morceau de feutre la glaçure déposée sur les
points qui n'en doivent pas avoir, comme le dessous
des pièces. On comprend, en effet, que le vernis fondant pendant la cuisson, les pièces se colleraient dans
le four à leurs supports, si les points sur lesquels
elles reposent étaient couverts de glaçure.

Les pièces que l'on plonge dans le bain de vernis
ne doivent pas avoir été maniées : le contact des
doigts les graisse et empêche l'absorption de l'eau
aux points touchés; le vernis ne s'y dépose pas. On
utilise cette propriété, en recouvrant avec un mélange
de cire et de suif, les surfaces que l'on veut conserver
mates, c'est-à-dire dépourvues de glaçure : c'est ce
qu'on appelle faire des *réserves*. Si l'on veut simplement qu'une partie soit moins vernie qu'une autre,
on la mouille avant l'immersion.

La porcelaine dure, les faïences ordinaires se vernissent par immersion : mais la faïence fine et la
porcelaine tendre ne possèdent pas une porosité suffisante pour que ce procédé puisse être employé. On

les vernit par *arrosement*, c'est-à-dire en arrosant
la surface de la pièce, ou bien en la badigeonnant
avec une bouillie de consistance crémeuse, formée
d'eau et de matière vitrifiable pulvérisée.

Les poteries très communes se vernissent le plus
souvent par *aspersion :* on saupoudre la pièce fabriquée et encore humide, avec la matière vitrifiable à
l'état de poudre sèche. L'enduit est alors inégal; mais,
comme il est très fusible, il s'égalise par la cuisson.
Si la quantité employée est trop forte, il coule au
fond de la pièce et y forme ces masses de vernis que
l'on voit fréquemment dans les marmites et les pots
à bon marché. Leur présence augmente le danger déjà
signalé des vernis plombeux. Ce procédé d'application
est également dangereux pour les ouvriers, qui respi-
rent une poussière très chargée de principes vénéneux.

Un autre mode de vernissage est employé pour la
poterie de grès; c'est le procédé par volatilisation.
Vers la fin de la cuisson, quand le four a été amené
au plus fort degré de chaleur qu'il doit atteindre, on
cesse le feu, on ferme toutes les issues et on projette
dans le four une matière capable de se vaporiser à
cette température : c'est presque toujours du sel. Sa
vapeur est décomposée, à la surface des poteries
incandescentes, par l'action simultanée de la vapeur
d'eau et de la pâte siliceuse de la poterie; et l'on
trouve, après le défournement, les pièces recouvertes
d'un enduit vitreux, transparent, mince, bien adhérent, très dur et qui ne s'écaille jamais. C'est la glaçure des terrines et autres ustensiles en grès.

4° CUISSON DES PÂTES ET DES GLAÇURES.

La cuisson a pour but de donner à la pâte de la
poterie assez de solidité pour qu'on puisse la manier
sans la briser : elle rend en même temps sa structure
plus serrée et diminue sa perméabilité. L'action de la

chaleur sur les éléments de la glaçure les vitrifie et les transforme en vernis. La température à laquelle doit s'opérer la cuisson, pour donner à une poterie toutes ses qualités, est extrêmement variable : elle atteint 13 ou à 1400 degrés dans les fours à porcelaine dure, tandis qu'elle dépasse à peine 500 degrés pour beaucoup de poteries communes.

Les poteries mates, c'est-à-dire dépourvues de couverte, ne subissent qu'une seule fois l'action de la chaleur. Il en est de même des poteries vernissées à couverte plombeuse : on les porte à une température suffisante pour fondre le vernis, d'ailleurs très fusible, qui les recouvre ; quant à la pâte, la cuisson en est toujours fort imparfaite. Aussi rendent-elles un son mat et terreux.

Les faïences sont au contraire des poteries à double cuisson. Leur émail facilement fusible n'exige qu'une faible chaleur, tandis que la pâte doit être fortement cuite. Aussi commence-t-on par cuire la pâte au degré convenable et par l'amener à l'état de *biscuit*. On applique ensuite la glaçure, et l'on donne une seconde cuisson moins forte pour la fondre et la vitrifier. La porcelaine tendre subit aussi deux cuissons, dont la plus forte, la première, est destinée à cuire le biscuit.

La porcelaine dure passe deux fois dans le four. La première cuisson, le dégourdi, est la plus faible : elle a pour but de donner à la pâte la consistance suffisante pour qu'elle puisse recevoir la couverte par immersion. Pendant la seconde cuisson, la pâte se transforme en biscuit et la couverte fond à sa surface. Aussi Brongniart range-t-il les porcelaines dures parmi les poteries à cuisson simple, parce que c'est le même feu qui cuit la pâte et la couverte.

———

Les combustibles les plus employés pour la cuisson des poteries sont le bois et la houille. Pendant fort longtemps les poteries fines, telles que les belles faïences ou les porcelaines se cuisaient exclusivement au bois : on donnait la préférence aux bois légers, tremble et bouleau, que l'on employait parfaitement secs. On est arrivé à les remplacer par la houille, dont le prix est moins élevé ; mais il faut des précautions spéciales pour régler le feu, obtenir une cuisson régulière et éviter l'action fâcheuse de la fumée sur les poteries blanches.

Le procédé de cuisson le plus simple est celui dont on se sert dans la fabrication des briques par la méthode flamande. On laisse bien sécher les briques ; puis on en fait des tas, en ayant soin de réserver entre elles de petits intervalles. On met quelques broussailles entre les briques des assises inférieures, et de la houille menue entre celles qui viennent au-dessus. On allume le bois, et la combustion se propage peu à peu dans toute la masse que l'on augmente de plus en plus. On arrive ainsi à former d'énormes tas qui contiennent jusqu'à 500 000 briques.

Dans tous les autres cas, les poteries sont cuites dans des fours formés de deux parties distinctes : le foyer, où l'on place le combustible ; le laboratoire, chauffé par les flammes venant du foyer, où l'on met les pièces à cuire. La forme des fours varie beaucoup avec les localités et avec la nature des poteries ; nous en décrirons deux : le four carré à faïences et le four rond à porcelaines.

Le four à faïences est formé de deux laboratoires LL superposés et surmontés de voûtes. Ils communiquent ensemble et avec le foyer $g\,f$ par des ouvertures o qui laissent passer les flammes. Le laboratoire inférieur, où la température est la plus élevée, sert à la cuisson du biscuit. Chaque laboratoire est muni de portes $P\,p$ pour permettre l'enfournement et le défournement : elles sont murées avec des briques pendant la cuisson. Celle-ci comprend deux périodes : le *petit*

feu, qui échauffe doucement le four et les matières à
cuire; il dure environ douze heures; le *grand feu*,
d'une égale durée, pendant lequel la cuisson s'achève.
Les fours à poteries communes ont une forme analogue; mais ils n'ont souvent qu'un seul laboratoire.

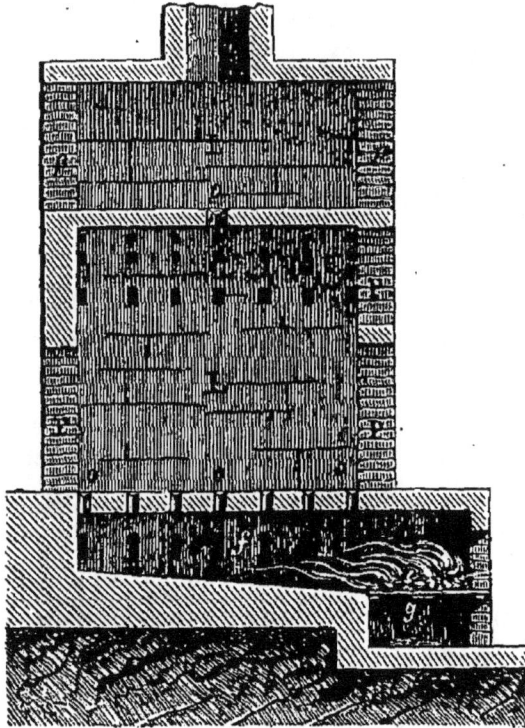

Four carré à faïences.

Les fours ronds à porcelaines sont à deux, trois ou
même quatre étages. L'étage supérieur, qui forme
cheminée, n'a pas de foyer : on y donne la première
cuisson, le dégourdi. Les étages inférieurs FF servent
à donner le grand feu : chacun d'eux est chauffé par
quatre foyers extérieurs G, accolés au four et que l'on
nomme *alandiers*. Ils communiquent avec le four par
un certain nombre d'ouvertures carrées *c*, qui livrent
passage à la flamme. Quand les pièces ont été disposées dans le four, on met un peu de braise sur la
grille de l'alandier et par-dessus du bois coupé en

petites bûchettes. On ferme alors la porte du cendrier.
Le tirage se fait par le four qui remplit l'office de

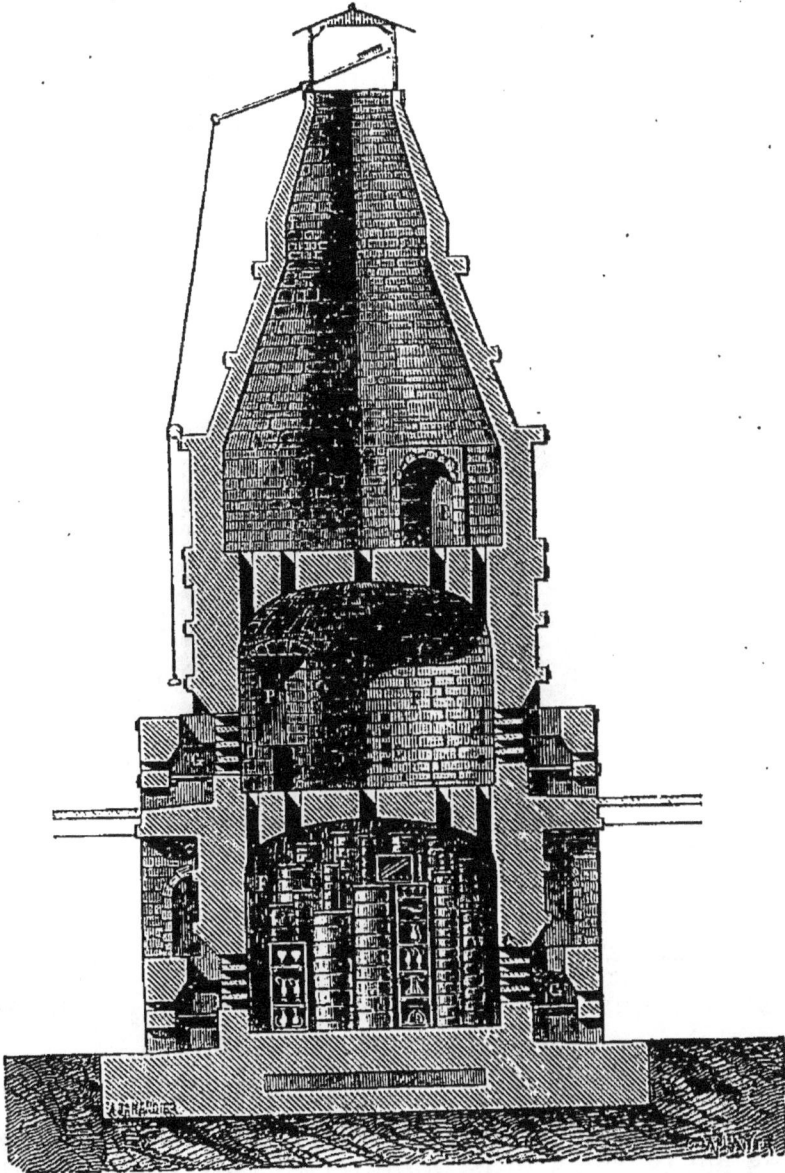

Four à porcelaines à trois étages.

cheminée; l'air pénètre par l'ouverture supérieure de
l'alandier qui reste découverte, et la flamme renversée
par le courant d'air entre dans le four par les ouver-

tures *c*. La flamme et le courant d'air chaud passent
d'un étage à l'autre par les ouvreaux pratiqués dans
les voûtes, et s'échappent finalement par l'ouverture
supérieure que l'on règle au moyen d'un registre.

Le four construit en briques réfractaires est conso-
lidé extérieurement par des grands cercles et des arma-
tures en fer. A chaque étage est une porte P qui sert
au chargement du four, et que l'on ferme pendant
la cuisson par une maçonnerie en briques. On y ménage des ouvertures par lesquelles on introduit de

Enfournement en échappade.

petites plaques en porcelaine vernissée, nommées
montres, que l'on peut retirer à volonté et qui servent à juger de la marche de la cuisson.

La disposition des fours à porcelaine chauffés à la
houille est à peu près la même : les alandiers sont
plus petits, mais plus nombreux; l'air y pénètre par
le cendrier, de sorte que la combustion n'a plus lieu
à flamme renversée, comme avec le bois, mais bien à
la façon ordinaire.

Le mode d'enfournement le plus simple est celui que l'on appelle *en charge*. Les pièces sont empilées dans le four les unes sur les autres. On le pratique pour les poteries grossières : mais il ne saurait être appliqué quand elles se ramollissent par la chaleur. On établit alors dans le four des planchers distincts, soutenus par des piliers en terre réfractaire, et on range les pièces sur ces planchers, afin de les soulager du poids des pièces supérieures. Cette disposition porte le nom d'enfournement en *échappade*.

Dans les deux cas précédents, les pièces sont exposées à l'action directe de la flamme : il en résulte que certains points sont plus fortement chauffés, ce qui amène des déformations; mais d'autres accidents sont à redouter, lorsqu'il s'agit de poteries fines. Écoutez le récit des déboires de Bernard Palissy, dans ses essais de fabrication de la faïence émaillée.

Après plusieurs années de tentatives infructueuses, il a consommé ses dernières ressources, il a emprunté de tous côtés pour faire une fournée sur la réussite de laquelle il compte pour se libérer et pour arriver à la solution du problème qu'il cherche depuis si longtemps. « Le lendemain, dit-il, quand je vins à tirer mon œuvre, mes tristesses et douleurs furent augmentées à tel point que je perdis toute contenance. Car, quoique mes émaux fussent bons, deux accidents étaient survenus qui avaient tout gâté. Le mortier dont j'avais maçonné mon four était plein de cailloux, qui, sentant la violence de feu, lorsque mes émaux commençaient à se liquéfier, éclataient de tous côtés dans le four. Les éclats sautaient contre ma besogne; et l'émail qui était rendu en matière gluante, prit les cailloux et se les attacha par toutes les parties de mes vaisseaux et médailles qui sans cela se fussent trouvés beaux.

« En cuisant une autre fournée, il survint un accident

duquel je ne me doutais pas. La violence de la flamme avait porté quantité de cendres contre mes pièces, de sorte que par tous les endroits où cette cendre avait touché, mes vaisseaux étaient rudes et mal polis, parce que l'émail liquéfié s'était joint à la cendre.

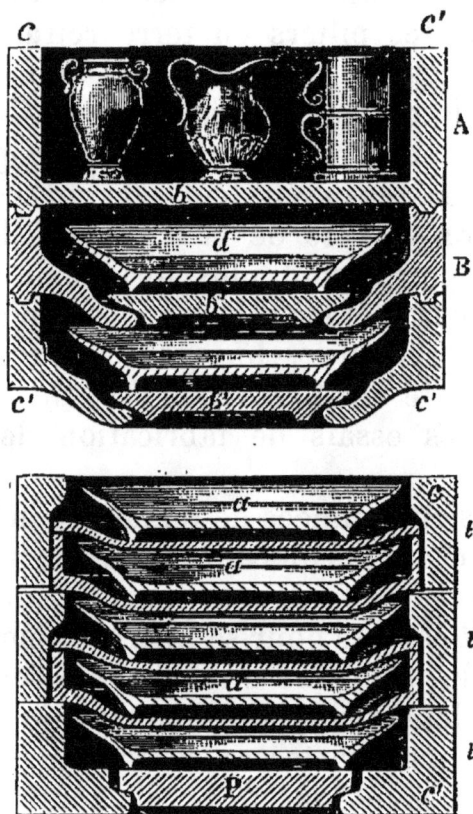

Cazettes pour assiettes et pièces diverses.

Nonobstant toutes ces pertes, je demeurais en espérance de me remonter, car je fis faire un grand nombre de lanternes de terre pour enfermer mes vaisseaux quand je les mettrais au four. L'invention se trouva bonne et m'a servi jusqu'à ce jour. »

Telle est l'origine des *cazettes* employées dans la cuisson des poteries fines et particulièrement de la porcelaine : chaque pièce est enfermée dans une sorte d'étui en terre réfractaire, qui la protège des cendres,

des éclats, de la fumée, et empêche en même temps
que les diverses pièces ne se collent entre elles quand
le vernis devient fluide. On fabrique les cazettes avec
des argiles plastiques très fines, débarrassées de tous
grains de cailloux, et *dégraissées* avec des débris de
vieilles cazettes réduites en poudre.

Les cazettes se composent ordinairement d'étuis
cylindriques *cc* que l'on empile les uns sur les autres.
La colonne ainsi formée est divisée par des plaques
de formes diverses P, *bb*, en compartiments destinés
à loger les pièces. Les figures de la page 55 montrent
un encastage d'assiettes, *aa*, de plats creux et vases
divers. On peut voir à l'étage inférieur du four repré-
senté page 52, la disposition des piles de cazettes.
Lorsqu'il s'agit de grandes pièces, on fabrique pour
elles des cazettes de forme appropriée.

L'encastage est une opération très délicate : il faut
ménager la place autant que possible; mais il faut
surtout qu'aucune partie enduite de couverte ne soit
au contact des supports. Pour plus de sûreté le fond
de la cazette est recouvert d'une couche de sable fin
qui s'oppose à toute adhérence. Quand les cazettes
sont disposées en piles dans le four, on bouche avec de
la terre argileuse tous les interstices qu'elles laissent
entre elles

On met en cazettes les faïences et les porcelaines :
l'encastage au premier feu, pour le biscuit de faïence
ou la porcelaine dégourdie, est beaucoup plus simple,
car on n'a à craindre ni que les pièces se collent, ni
qu'elles se déforment par la chaleur.

La cuisson terminée, on laisse refroidir lentement
le four et l'on procède au défournement. Il est bien
rare que toutes les pièces soient parfaites : aussi les
examine-t-on avec soin et on les partage en plusieurs
classes ou *choix*.

Les défauts d'une pièce peuvent affecter la pâte ou la couverte. Dans le premier cas, ce sont surtout les suivants : 1° Les *fentes en cru* se produisent quand la dessiccation de la pièce a été trop rapide, surtout si la pâte est trop plastique ou insuffisamment dégraissée. 2° Les *fentes au feu* proviennent d'obstacles à la retraite pendant la cuisson, soit de la part des anses ou garnitures, soit de la part des supports. 3° Les *déformations* sont occasionnées par une mauvaise composition de la pâte, par des accidents et des inégalités de cuisson ; on en constate souvent sur les assiettes dont le fond est ondulé et les bords tout à fait plats. 4° Le *vissage*, dont nous avons déjà parlé, résulte d'un mauvais ébauchage. 5° Les *taches*, les *trous* et les *cloques* ont généralement leur origine dans des impuretés de la pâte : la fusibilité est augmentée ou diminuée en certains points par la présence d'un grain de matière étrangère ; de là résultent les trous et les cloques. Si cette substance peut colorer la pâte en se combinant avec elle, il en résulte des taches. Ces dernières sont souvent produites par des parcelles de noir de fumée reçues pendant la première cuisson et emprisonnées ensuite par la couverte. 6° Le *jaune* est la coloration que prennent les belles poteries blanches par l'action de la fumée : il résulte d'un encastage imparfait.

Nous citerons parmi les accidents de couverte : 1° Les *bouillons* dus à un dégagement de matières gazeuses venant de la pâte, ou à une mauvaise composition du vernis. 2° Cette dernière circonstance produit surtout la *coque d'œuf*, c'est-à-dire un défaut de brillant de la glaçure. 3° Les *coulures* sont des amas d'une glaçure trop fluide rassemblée dans les cavités de la pièce. 4° L'*écaillage*, un des plus graves défauts que présentent les faïences, est un manque d'adhérence entre la pâte et la couverte ; cette dernière se détache par plaques, plus ou moins longtemps après la fabrication.

5° Les *grains* résultant de l'accident signalé par Bernard Palissy dans le passage rapporté plus haut. Si les cazettes sont mal cuites, ou si, dans une opération, leur refroidissement a été trop rapide, elles donnent lorsqu'on les remet au feu de petits éclats, qui viennent se coller à la couverte des pièces. Les grains proviennent aussi du sable sur lequel on pose les pièces dans les cazettes, et qui coule d'un compartiment supérieur sur les pièces placées en dessous. 6° Les poteries à couverte plombeuse sont quelquefois criblées de points noirs résultant d'une action décomposante des gaz du four sur le vernis. 7° Le *ressuie* rend la poterie mate par insuffisance de couverte, et le *retirement* occasionne le même effet sur certaines places par suite d'une inégale répartition du vernis. 8° Le *sucé* est un effet analogue dont la cause réside dans la trop grande fusibilité de la glaçure et la porosité de la pâte; elle suce pour ainsi dire le vernis qui pénètre dans ses pores. 9° Les *tressaillures* se produisent quand la pâte et la couverte ne sont pas également dilatables par la chaleur. Les variations de température occasionnent dans la couverte une infinité de fentes qui se croisent dans tous les sens. C'est le défaut ordinaire des faïences communes. Lorsqu'on les emploie, la graisse s'introduit dans les fentes de la couverte qui apparaissent sous forme de lignes noires; elle pénètre jusque dans la pâte et l'imprègne d'une manière permanente, donnant à tout ce qu'on met dans le vase l'odeur et la saveur dites de *graillon*.

CHAPITRE IV

L'ASSIETTE DE PORCELAINE

1° PORCELAINE DURE ET PORCELAINE TENDRE.

L'assiette de porcelaine dure possède toutes les qualités que l'on peut demander à une poterie : aussi n'hésitons-nous pas à dire *qu'au point de vue de l'usage*, elle est supérieure, fût-elle même de second choix, à la plus belle assiette de faïence. Sa pâte blanche, dure et translucide, est absolument imperméable aux liquides et aux graisses. Sa couverte, dure comme le granit, résiste au frottement répété du couteau, aussi bien qu'à l'action des acides et autres agents chimiques ; ayant une composition analogue à celle de la pâte, elle contracte avec celle-ci une liaison intime, et ne s'écaille jamais. L'assiette de porcelaine supporte, sans se briser, les variations de température qui ne sont pas trop brusques. La pâte et la couverte se dilatent ensemble par la chaleur : aussi ne voit-on jamais sur la couverte de la porcelaine ces fendillements ou tressaillures, dont presque aucune faïence n'est exempte.

La pâte de la porcelaine dure, appelée aussi porcelaine *chinoise* ou *kaolinique*, est essentiellement composée de deux éléments. L'un est infusible, plastique ;

c'est l'argile blanche ou kaolin que l'on extrait en
France des carrières de Saint-Yrieix, à 26 kilomètres
au sud de Limoges. L'autre élément donne à la pâte
une certaine fusibilité : c'est le feldspath, auquel on
associe ordinairement le sable et la craie. Le feldspath introduit dans la pâte à porcelaine provient
souvent des mêmes carrières que le kaolin ; il s'y
trouve mêlé sous forme de petits grains que l'on sépare par le lavage et la décantation (voir page 27) ;
le sable feldspathique reste dans les cuves de lavage,
tandis que le kaolin entraîné par l'eau se dépose
après la décantation. Voici la composition des pâtes
employées à Sèvres :

	Pâte de service.	Pâte de sculpture.
Kaolin lavé......................	64	62
Sable feldspathique............	10	17
Sable d'Aumont...................	20	17
Craie	6	4
	100	100

Ainsi constituées, les pâtes contiennent environ
3 pour 100 de potasse provenant du feldspath, et 3 à
4 pour 100 de chaux fournie par la craie ; ces matières forment avec le sable et l'argile des composés
fusibles, ce qui permet à la pâte de se ramollir légèrement par la cuisson.

La pâte de la porcelaine n'est pas très plastique.
Elle se travaille, soit sur le tour à potier, soit par
moulage ou bien enfin par coulage. Elle éprouve, entre
la dessication et la cuisson complète, une retraite qui
n'est pas inférieure à une huitième de ses dimensions ;
aussi conserve-t-elle, après la cuisson, la trace des
plus légères différences de pression pendant le façonnage. La plus grande délicatesse est donc nécessaire
pendant le travail. La couverte de la porcelaine est
formée de feldspath : la matière employée à sa pré-

paration, désignée communément sous les noms de *caillou* et de *petunzé*, n'est autre què la roche dure appelée *pegmatite* par les minéralogistes. On la réduit en poudre et on l'applique par immersion sur la pâte cuite au dégourdi.

Cette première action de la chaleur n'a d'autre but que de raffermir la pâte : la véritable cuisson, appelée *grand feu*, doit être portée à un degré suffisant pour fondre la couverte et pour rendre la pâte compacte. Comme celle-ci se ramollit un peu, l'encastage exige les plus grandes précautions.

Naples.   Sèvres.

Tasses en porcelaine tendre.

Les fours à porcelaine sont cylindriques, à plusieurs étages (voir page 52), chauffés au bois ou à la houille. Les parois du four et les cazettes doivent avoir la solidité et l'infusibilité nécessaires pour résister à la haute température à laquelle elles sont exposées.

La beauté des porcelaines chinoises, et la transparence de leur pâte ne peuvent être obtenues qu'avec le kaolin. Les potiers du siècle dernier, ne connaissant pas de gisements de cette précieuse argile, eurent l'idée de fabriquer artificiellement une pâte capable de se ramollir par la fusion, et imitèrent ainsi la poterie qu'ils ne pouvaient obtenir. Telle est l'origine de la porcelaine tendre.

A Sèvres, le procédé le plus employé consistait à calciner, à *fritter*. un mélange de :

Salpêtre	22,0
Sel marin	7,2
Alun	3,6
Soude d'Alicante	3,6
Pierre à plâtre de Montmartre	3,6
Sable de Fontainebleau	60,0
	100,0

Le mélange calciné, ou *fritte*, finement broyé, entrait dans la composition de la pâte formée de :

Fritte	75
Craie blanche	17
Marne d'Argenteuil	8
	100

Comme cette pâte n'était nullement plastique, on lui donnait du liant par une addition de gomme ou de savon noir. On moulait d'abord les pièces, puis on les travaillait à sec sur le tour : il en résultait une poussière fort nuisible à la santé des ouvriers et qui attaquait vivement les poumons. Aussi ne doit-on pas regretter la disparition de la porcelaine tendre.

Les pièces façonnées, cuites à la température convenable pour donner à la pâte le degré de transparence désirée, prenaient le nom de biscuit. On les vernissait par arrosement avec un vernis composé de :

Sable de Fontainebleau	27
Pierre à feu calcinée	11
Potasse d'Amérique	15
Soude d'Alicante	9
Litharge	38
	100

Puis on donnait une seconde cuisson, beaucoup moins forte que la première, pour fondre ce vernis.

La pâte de cette espèce de porcelaine est assez dure. Mais le vernis est beaucoup plus tendre que celui de la porcelaine chinoise : le plomb y entre à l'état de litharge; c'est donc une sorte de cristal, tandis que la couverte de la porcelaine dure ressemble plus au verre ordinaire. La grande fusibilité de ce vernis le rendait très propre à la peinture et à la décoration : aussi la porcelaine tendre de Sèvres a-t-elle été et est-elle encore fort recherchée. Elle a de plus aujourd'hui l'attrait d'une certaine antiquité,

Cuisson de la peinture sur porcelaine dans un four à moufle.

ce que beaucoup d'amateurs mettent au-dessus des qualités réelles.

2° PEINTURE ET DÉCORATION DE LA PORCELAINE.

Les poteries fines et particulièrement la porcelaine reçoivent souvent une décoration ; on les recouvre de peintures, d'ornements colorés, ou bien enfin d'enduits métalliques, tels que la dorure. Cette ornementation est fondée sur la propriété qu'ont les oxydes métalliques de colorer les verres dans les composition desquels on les fait entrer Aussi les couleurs employées dans la peinture sur porcelaine sont-elles formées d'oxydes métalliques mêlés à des matières vitreuses, appelées *fondants*. Ce mélange, réduit en poudre impalpable, est broyé avec de l'essence de térébenthine et employé comme les couleurs ordinaires à l'huile. Seulement quand la peinture est achevée, il faut la cuire pour vitrifier la couleur.

Les couleurs doivent remplir certaines conditions : 1° elles doivent adhérer à la poterie, après la cuisson, et présenter assez de dureté pour résister aux frottements; 2° elles doivent être brillantes et vitreuses, inaltérables par l'air, par l'eau ou par les liquides que la poterie peut contenir; 3° elles doivent enfin fondre à une température qui ne soit pas assez élevée pour décomposer leurs éléments constituants et altérer leur nuance. La matière vitreuse employée comme fondant doit donc être d'autant plus fusible que la couleur est plus facilement altérable par la chaleur.

Les couleurs sur porcelaine se distinguent d'après leur température de cuisson en *couleurs de grand feu* et *couleurs de moufle*. Les premières supportent sans être altérées la chaleur la plus haute du four à porcelaine; elles s'appliquent en même temps que la couverte et se cuisent avec elle. Les couleurs de moufle sont bien plus altérables; elles s'appliquent sur les pièces complètement cuites et sont ensuite vitrifiées par une cuisson spéciale et ménagée, dans un four appelé *moufle*. Cette opération exige les plus grands soins : l'ouvrier se guide, pour la conduite du feu, sur l'examen de plaques de porcelaine portant des échantillons des différentes couleurs soumises à la cuisson. Il les a placées dans le moufle à côté des pièces peintes et les retire de temps en temps. Comme il est toujours nécessaire de retoucher la peinture après la cuisson, la même pièce passe au moins deux fois au moufle et souvent même jusqu'à cinq et six fois.

Les couleurs de grand feu sont peu nombreuses :

la matière vitrifiable qu'elles contiennent n'est autre que la couverte même de la porcelaine. Nous citerons les principales : 1° Le *noir au grand feu*, formé de 1 partie d'oxyde d'uranium et de 22 de feldspath de couverte; 2° les *gris perle, gris de souris, gris de fumée*, composés de 10 litres de barbotine pour couverte et de 50 à 150 grammes de chlorure de platine; 3° le *bleu foncé*, qu'on obtient en mélangeant 1 d'oxyde de cobalt et 4 de feldspath pour couverte; 4° le *bleu d'azur*, où l'oxyde de cobalt pur est remplacé par un mélange de 1 d'oxyde de cobalt, 12 d'oxyde de zinc et 1 d'alumine; 5° le *vert émeraude*, obtenu par l'introduction de l'oxyde de chrome dans la couverte; 6° le *vert céladon*, nuance verdâtre mêlée de jaune et de bleu, particulière aux porcelaines chinoises, et que l'on imite en introduisant dans la couverte un mélange de 2 d'oxyde de cobalt, 73 d'oxyde de zinc et 25 d'oxyde de chrome; 7° le beau *rose de grand feu*, qui donne des fonds magnifiques, mais fort difficiles à obtenir purs. On le prépare en dissolvant 20 à 30 grammes de chlorure d'or dans 10 litres de barbotine préparée pour l'application de la couverte par immersion.

Les couleurs de moufle sont beaucoup plus nombreuses : la palette de peintre sur porcelaine est presque aussi riche que celle du peintre à l'huile. C'est ainsi qu'à Sèvres on a pu reproduire sur des plaques de porcelaine un grand nombre de tableaux célèbres.

Les ornements obtenus avec les métaux sont de deux espèces. On donne le nom de *lustres métalliques* à des dépôts de métaux très divisés, appliqués en couches excessivement minces : ils produisent de très beaux reflets. Quant aux décorations métalliques, ce sont l'argenture, le platinage et surtout la dorure. L'or employé pour la dorure sur porcelaine est en poudre impalpable obtenue chimiquement. On le mélange avec 1/15 de son poids de sous-nitrate de bismuth, additionné d'un peu de borax. Ces matières servent de fondant et suffisent pour rendre l'or adhérent à la couverte. On délaye le tout avec de l'essence de térébenthine et on applique cette pâte avec un pinceau sur la porcelaine vernie. Les pièces qui ont reçu la dorure sont cuites au moufle et en sortent enduites d'une couche d'or jaune, mais mat. On lui donne le brillant en le frottant avec un corps dur ou *brunissoir*.

3° HISTOIRE DE LA PORCELAINE.

La fabrication de la porcelaine a certainement pris naissance dans l'Extrême-Orient : cependant il faut probablement beaucoup en rabattre sur ce qui a été dit de la haute antiquité de la porcelaine chinoise. On l'a fait remonter quelquefois à 20 ou 30 siècles avant l'ère chrétienne : mais les premières poteries chinoises, fabriquées peut-être à ces époques reculées, n'étaient pas de la porcelaine. Quelques voyageurs avaient aussi transformé une des divinités chinoises en dieu de la porcelaine : c'était *Pou-taï*, que nous appelons ordinairement *Pou-sa*. Or le Pou-sa, débraillé et obèse, alourdi par la bonne chère et l'insouciance, est tout simplement le *dieu du contentement*.

On a dit encore qu'au Céleste-Empire la porcelaine avait été élevée, dans les temps les plus reculés, au rang des monuments publics, et l'on citait comme preuve la fameuse *tour de porcelaine*, détruite, il y a peu de temps, pendant l'insurrection des Taï-pings. Cette tour, située près de Nankin, avait 30 mètres environ de diamètre à sa base et 80 mètres de haut. Elle ressemblait à une pagode, et ses neuf étages étaient ornés de plaques, de briques et de colonnettes en porcelaine peinte. Cela n'a rien d'extraordinaire dans un pays où le marbre et la pierre sont fort rares.

Eh bien! cette tour de porcelaine, que l'on croyait si.

La tour de porcelaine, près de Nankin.

ancienne, ne remontait pas au delà du xvᵉ siècle. Elle
fut construite entre 1403 et 1424.

Parmi les preuves données en faveur de l'antiquité
de la porcelaine chinoise, il en est une qui est fort
curieuse. C'est la découverte dans les tombes de la
ville de Thèbes, en Égypte, de vases de porcelaine
couverts d'inscriptions chinoises. Aucun doute n'est
possible à cet égard ; ces caractères sont véritablement
chinois. Mais l'un des savants les plus versés dans
l'étude de l'écriture chinoise, M. Stanislas Julien,
affirme que ces inscriptions sont peu anciennes, eu
égard au lieu où l'on suppose que les vases ont été
trouvés en Égypte, et que les caractères de cette
écriture n'ont été introduits en Chine que vers
l'an 80 après Jésus-Christ. Comment ces vases se
trouvent-ils dans les ruines de Thèbes ? Cela nous
importe peu. Mais ce qui est positif, c'est qu'ils
n'ont pas été fabriqués avant les premiers siècle de
notre ère.

Si l'on veut s'en rapporter à des dates certaines, on
trouve que la fabrication de la porcelaine était florissante en Chine vers l'an 160 avant Jésus-Christ. C'est
déjà une assez haute antiquité ; et l'usage de cette
poterie dans l'Extrême-Orient est bien antérieure,
non seulement à sa fabrication, mais à son introduction en Europe.

Les potiers chinois ont fait de la porcelaine une
substance magique, qui prend toutes les formes, tous
les tons, qui se plie à tous les caprices, dans un pays
où l'imagination et l'habileté imitative ne connais-
sent guère de bornes On retrouve cependant toujours
dans les poteries chinoises l'imitation plus ou moins
libre d'un objet naturel : les fleurs et les fruits, les
animaux et les monstres, les nuages, la pluie, les
éclairs, les flots, les coquillages sont autant de mo-
dèles pour le céramiste chinois. Un défaut d'homogénéité entre la pâte et la couverte amène un jour
le fendillement de cette dernière ; une autre fois, un
coup de feu modifie le ton des couleurs qui la déco-

rent : ces accidents deviennent pour le Chinois des

Potiche en porcelaine chinoise.

sujets d'imitation. Il invente les vases *craquelés* et *flambés*.

Un jour, l'artiste Tcheou, passant à Pi-ling, alla

rendre visite à Thang, président des sacrifices, et lui
demanda la permission d'examiner un ancien trépied
de porcelaine qui faisait l'ornement de son cabinet. Six
mois après, nouvelle visite de Tcheou, qui montre à
Thang un trépied qu'il apporte. « Votre Excellence,
lui dit-il, possède un trépied cassolette en porcelaine
blanche; en voici un semblable que je possède aussi. »
Thang compare les deux objets, n'y trouve pas un
cheveu de différence et demande l'origine de celui
qu'on lui présente. Alors Tcheou avoua sa fraude. On
conçoit qu'avec des faussaires aussi habiles, les experts
et les amateurs européens ont bien des chances d'être
induits en erreur.

L'art de fabriquer la porcelaine fut enseignée aux
Japonais par les Coréens, qui peut-être le tenaient
eux-mêmes des Chinois. Aucune différence bien sensi-
ble ne permet de distinguer la porcelaine japonaise de
la porcelaine chinoise : et les ambassadeurs japonais,
visitant le musée céramique de Sèvres, furent inca-
pables de faire la séparation des pièces qu'on leur
présentait. Ils avouèrent du reste que dans leur pays
on ne se préoccupait pas de ce triage. On admet généralement que les porcelaines du Japon sont plus fines
et mieux décorées. Certaines pièces sont remarquables
par un ton rose, rehaussé de noir, d'une délicatesse
admirable; d'autres brillent par l'élégance et la variété
de la décoration On y voit de magnifiques bouquets
de fleurs, un oiseau perché sur une branche et guet-
tant un insecte; ici des mandarins discutent grave-
ment, là ce sont des amazones qui caracolent sur des
chevaux, ou de sérieuses mères de famille avec leurs
enfants embarrassés dans leur jupe.

Au Japon, comme en Chine, les procédés employés
pour la fabrication, la dorure et l'ornementation de
la porcelaine étaient tenus absolument secrets; mais
chaque peuple y apporte son caractère. Le Japonais
se montre plus artiste, tandis que le Chinois brille

surtout par un instinct de patiente imitation. Aujour-
d'hui le Japon est devenu une simple fabrique, qui
exécute sur commande et par milliers les objets de
porcelaine orientale vendus dans beaucoup de magasins de Paris. Aussi ne faut-il pas juger de l'art japonais par ces spécimens qui seraient, et qui sont sou-

Potiche en porcelaine du Japon.

vent, tout aussi bien fabriqués chez nous. Ce commerce
se pratiquait déjà au siècle dernier, et la porcelaine
des Indes n'était que de la porcelaine japonaise faite,
sur commande, pour des négociants hollandais ou
pour la compagnie des Indes.

On ne sait à quelle époque furent introduites en
Europe les premières porcelaines orientales. Certains
ornements, d'une forme particulière, semblent avoir
été empruntés par les Grecs aux potiers chinois, mais

la fragilité des vases et la difficulté des communications ont dû rendre très restreint le nombre des pièces importées à cette époque. Les fameux vases murrhins qui passionnaient les riches Romains étaient probablement des porcelaines orientales. Mais il faut arriver au xv⁰ siècle, pour trouver, dans les descriptions des trésors royaux ou princiers, la mention bien nette d'objets en porcelaine. A partir de cette époque, l'engouement pour cette belle poterie alla rapidement en croissant, et fit bientôt délaisser les faïences italiennes. On ne se contente pas d'acheter à prix d'or les vases en porcelaine, on cherche à les imiter et à découvrir le secret de leur fabrication. François de Médicis, fils de Cosme I⁰ʳ, se livre avec ardeur au travail et arrive à obtenir la porcelaine dite des Médicis, qui n'est pas de la porcelaine dure, mais une variété de porcelaine tendre.

Un siècle plus tard (1682) naissait, dans le Voigtland saxon, Jean-Frédéric Bottger. Tout jeune il se livra à la recherche de la pierre philosophale, et acquit bientôt une telle célébrité que Frédéric-Auguste, électeur de Saxe et roi de Pologne, le patronna d'abord et l'enferma ensuite dans un de ses châteaux pour profiter de ses découvertes. Il lui donna pour compagnon et surveillant un autre chimiste, Walther de Tschirnauss, qui s'était occupé déjà de l'imitation de la porcelaine. Pour leurs expériences, les deux associés eurent besoin de creusets pouvant supporter une haute température; en essayant diverses argiles, ils arrivèrent à faire une poterie aussi dure que la porcelaine, d'une teinte rouge, mais dépourvue de transparence.

En 1708, Tschirnhauss meurt et laisse Bottger poursuivre ses essais dans le laboratoire que le roi lui a fait construire à l'Albrechts-Burg de Meissen. En 1711, un maître de forges, nommé Schnoor, découvre une terre argileuse blanche et l'envoie sur

tous les marchés, pour être vendue comme poudre à
poudrer les perruques. Bottger s'étonne un jour du
poids de la sienne, la secoue, examine la poussière
qui en tombe, et se fait apporter le reste du paquet
de poudre; il la mouille, la pétrit et s'aperçoit qu'il

Potiche en porcelaine de Saxe.

a entre les mains le fameux kaolin, la matière première de la porcelaine. Frédéric-Auguste, jaloux de
la possession de cette découverte, fait établir dans la
forteresse de Meissen la fabrique de porcelaine dont
Bottger est le directeur. Telle fut l'origine de la
manufacture de Meissen et de la porcelaine de Saxe,
qui devient bientôt aussi recherchée que celle de
Chine ou du Japon. L'usine était une place forte : le
pont-levis en était constamment levé. Les ouvriers
prêtaient le serment de garder jusqu'à la mort les

secrets qu'ils pouvaient découvrir, sous peine d'être
jetés dans un cachot comme prisonniers d'État.

Malgré toutes les précautions prises, un ouvrier
s'enfuit de Meissen et porta à Vienne les secrets de
la fabrication. En 1720, se fondait la manufacture de
Vienne qui rivalisa bientôt avec celle de Meissen.
Acquise en 1744 par Marie-Thérèse, elle a toujours
continué à marcher, et fonctionne encore aujourd'hui
comme établissement privé

———

Pendant que la Saxe obtenait ainsi du premier coup
la magnifique porcelaine dure que l'on désigne encore
aujourd'hui sous le nom de *vieux Saxe*, la France
se livrait avec succès à la fabrication de la porcelaine tendre. Dès l'année 1673, Louis Poterat avait
obtenu un privilège pour fabriquer à Rouen la *véritable porcelaine de Chine*. Mais, soit que les résultats n'aient pas répondu à son attente, soit que la
fabrication de la faïence, alors dans tout son éclat à
Rouen, l'ait détourné de ses projets, le nombre des
pièces de porcelaine de Rouen paraît être fort restreint.

Nous trouvons au contraire cette industrie établie
à Saint-Cloud, et florissante vingt-cinq ans plus tard.
Un journal de l'année 1700 dit en effet :

« Le 30 octobre, Mme la duchesse de Bourgogne,
ayant passé à Saint-Cloud, fit arrêter son carrosse à
la porte de la maison où MM. Chicanaux ont établi
depuis quelques années une manufacture de porcelaines fines qui n'a point sa semblable en Europe.
MM. Chicanaux reçoivent de fréquentes visites de
princes, de seigneurs, d'ambassadeurs, qui viennent
admirer la beauté de leurs ouvrages. »

La protection des grands ne manquait pas à l'industrie naissante. La seconde fabrique de porcelaine
tendre fut établie à Lille en 1711, par Barthélemy

Dorez et Pierre Pélissier. Puis vinrent celles de Chantilly (1725) et de Mennecy (1735) patronnées, la première par le prince de Condé, la seconde par le duc de Villeroy. Enfin en 1745, apparaît celle de Vincennes, transférée ensuite à Sèvres, et qui devint bientôt manufacture royale.

Les produits de Saint-Cloud, Lille, Chantilly et Mennecy attestaient un véritable progrès dans la céramique française; mais on s'attachait surtout, dans ces fabriques, à imiter les décorations des porcelaines du Japon ou de celles de Meissen qui commençaient à se répandre. On aurait voulu dans l'entourage du roi quelque chose de plus national; aussi les sieurs Dubois furent-ils bien accueillis d'Olry de Fulvy, frère du contrôleur général des finances, lorsqu'ils vinrent lui proposer de lui vendre le secret de la porcelaine.

Installés, par autorisation du roi, dans le manège du château de Vincennes, les frères Dubois se livrèrent pendant quatre ans à des essais coûteux, rendus infructueux par leur ignorance et leur mauvaise conduite. Ils furent obligés d'abandonner la partie et remplacés par Gravant, homme honnête et intelligent, dont les effort furent couronnés de succès. Dès le commencement de 1745, il obtint des objets d'une réussite assez parfaite pour que l'avenir de la fabrication fût assuré. Une société, fondée par Olry de Fulvy au capital de 90 000 livres, reçut le privilège de la fabrication de la porcelaine pour vingt ans; et Louis XV lui donna dans les années 1747, 1748 et 1749 des subventions s'élevant à 100 000 livres. En outre, il attacha à la fabrique Hellot, directeur de l'Académie des sciences, pour la partie technique, l'orfèvre Duplessis, pour veiller à la forme et à l'exécution des pièces, enfin le peintre en émail Mathieu, pour l'ornementation. Ce dernier fut bientôt remplacé par l'académicien Bachelier, homme d'initiative, de goût et de savoir, qui contribua plus que tout autre au succès de l'entreprise.

En 1751, Olry de Fulvy mourut et la société fut reconstituée sur de nouvelles bases. Le capital fut porté à 240 000 livres : le roi s'intéressa pour un tiers dans l'exploitation, et la fabrique prit le titre de *Manufacture royale des porcelaines de France*. Quelques années plus tard, le local de Vincennes devenant insuffisant, elle fut transférée à Sèvres, à proximité de Paris et de Versailles, dans un terrain où s'élevait autrefois un petit château ayant appartenu à Lulli. C'est là qu'elle est restée jusqu'à ces dernières années, où l'état des bâtiments obligea de la transporter dans des constructions neuves élevées près du pont de Sèvres, dans le parc de Saint-Cloud.

En 1759, malgré l'état prospère de l'établissement, des difficultés s'élevèrent au sujet du partage des bénéfices entre les actionnaires et le commissaire royal. Louis XV en profita pour racheter toutes les actions, et de ce jour la manufacture de Sèvres est devenue manufacture de l'État.

A cette époque, on ne fabriquait, à Sèvres, que la porcelaine tendre, sans rivale au point de vue artistique, mais d'une qualité médiocre dans ses applications aux usages domestiques. La matière première de la porcelaine dure, le kaolin, manquait en France. Toutes les recherches pour le découvrir avaient été infructueuses, quand un hasard amena, en 1768, la découverte d'un magnifique gisement de la précieuse substance. Mme Darnet, femme d'un chirurgien de Saint-Yrieix, près de Limoges, recueillit dans un ravin et présenta à son mari une sorte de terre blanche, onctueuse au toucher, qui lui paraissait propre à remplacer le savon. Darnet, soupçonnant sa véritable nature, en porta un échantillon à un nommé Villaris, pharmacien à Bordeaux, qui reconnut le kaolin et l'expédia à Sèvres. Macquer, chimiste de la

manufacture, l'essaya et fit exécuter avec cet échantillon une petite statuette de Bacchus en biscuit de
porcelaine dure. Villaris vendit alors au gouvernement
pour 25 000 livres le secret des gisements de Saint-
Yrieix, qui ont toujours été exploités depuis cette
époque. Le véritable auteur de la découverte, Mme Darnet, ne reçut rien. En 1823, vivant dans la plus pro-
fonde misère, elle implorait du gouvernement un se-
cours pour retourner à pied de Paris à Saint-Yrieix
Triste condition d'une personne qui avait contribué
à enrichir la France d'une de ses plus belles indus-
tries! Sur la demande d'Alexandre Bongniart, directeur de Sèvres, le roi Louis XVIII accorda enfin à
Mme Darnet une petite pension sur sa liste civile.

Depuis la découverte du kaolin de Saint-Yrieix,
la fabrication de la porcelaine dure se répandit dans
toute la France. Elle a atteint, à Sèvres, le dernier degré de la perfection au point de vue de la
fabrication. Mais au point de vue artistique, la manufacture de Sèvres n'est peut-être pas restée toujours à la hauteur où elle s'était placée dès son
origine.

Nous donnerons, pour terminer cet aperçu histo-
rique, l'indication des marques auxquelles on reconnaît les produits de notre grande manufacture. De 1753
à 1793, la porcelaine tendre porte la marque royale,

les deux L croisés. Les lettres placées dans l'intérieur
indiquent le millésime de l'année : A, 1753, B, 1754,
et ainsi de suite; à partir de 1774, les lettres sont
doublées : MM signifie donc 1788.

La porcelaine dure porte la marque royale avec la
couronne. Quant aux vignettes, lettres ou fleurons,
qui accompagnent dans tous les cas les marques principales, ce sont celles des artistes décorateurs. —

De 1793 à 1799, on trouve les deux lettres R F au-
dessus du mot Sèvres. — De 1799 à 1804 : manufacture nationale, Sèvres, et de 1804 à 1810 : manufacture

$$\text{M.N.}^{\underline{\text{le}}} \qquad \text{M.Imp}^{\underline{\text{le}}}$$
$$\text{Sèvres} \qquad \text{de Sèvres}$$

impériale. Les signes placés au-dessous correspondent
le premier à 1804, le second à 1806. — De 1810 à 1814 :
un aigle aux ailes abaissées. — Les deux L reparais-
sent de 1814 à 1824 et sont remplacées par deux C
jusqu'en 1830. — De 1830 à 1848, la marque devient
L P couronné ; de 1848 à 1852, R F dans un double
cercle ; de 1852 à 1870, l'N avec la couronne impériale. Enfin aujourd'hui les porcelaines de Sèvres sont
marquées d'un S avec le millésime annuel 84, 85, dans
une sorte d'ovale. Une barre oblique, faite à la roue
entre l'S et la date, indique les pièces de second choix
vendues comme rebut par la manufacture.

CHAPITRE V

L'ASSIETTE DE FAIENCE

La faïence est une poterie à pâte opaque, souvent colorée, poreuse, recouverte d'un *émail*, c'est-à-dire d'un vernis opaque, dans la composition duquel entre ordinairement de l'étain. Elle se cuit à deux feux, l'un pour la pâte ou biscuit, l'autre pour l'émail. Dans les usages domestiques, l'assiette de faïence a de nombreux défauts. Tous proviennent du peu de dureté de l'émail, et de la facilité avec laquelle il se fendille ou même se détache sous l'action de la chaleur. Mais si la faïence est mauvaise comme poterie de ménage et ne saurait, sous ce rapport, être comparée à la porcelaine, elle l'emporte sur toutes les autres poteries, au point de vue décoratif et ornemental. Son émail, bien plus fusible que la couverte de la porcelaine dure, peut acquérir, par le mélange des oxydes métalliques, les couleurs les plus riches et les plus variées.

Les Arabes, qui savaient fabriquer la faïence émaillée, en ont souvent fait usage dans l'ornementation de leurs édifices. A l'Alhambra, ce magnifique palais construit vers 1300 par les rois arabes de Grenade, le sol et les murailles sont couverts de carreaux émaillés, et dans les salles se trouvent les gigantes-

ques vases de faïence, connus sous le nom de vases
de l'Alhambra.

La faïence était donc fabriquée au xive siècle, en
Espagne et dans les Baléares, particulièrement à Majorque. Un siècle plus tard nous trouvons cette fabrication florissante en Italie, où ses produits sont dési-
gnés sous le nom de *majoliques*. Ce fut un habile
sculpteur florentin, Lucca della Robbia, né vers 1400,
qui eut le premier l'idée de faire des figures et des
bas-reliefs en terre cuite, et de les recouvrir d'un
émail de même composition que celui de notre faïence.
Avait-il inventé ce bel émail dont l'application donne
à ses figures l'aspect de l'ivoire? En avait-il appris le
secret des faïenciers de Majorque, comme le fait sup-
poser le nom de majolique? Il est assez difficile de le
dire. Mais ce qui est certain c'est que les Italiens,
de 1420 à 1560, portèrent la fabrication de la faïence
émaillée au plus haut degré de perfection.

Tout d'abord l'émail fut seulement employé pour
protéger de l'action de l'air et rendre plus brillantes
les sculptures en terre cuite; c'est le procédé de Lucca
della Robbia. Peut-être le grand artiste cherchait-il
ainsi à produire un plus grand nombre d'œuvres, en
remplaçant le marbre par une matière qui l'imitait,
et qui était bien plus facile à travailler. Les succès
qu'il obtint encouragèrent les artistes italiens, qui se
livrèrent en foule à la fabrication de la majolique.
Des fabriques s'établirent de toutes parts, à Faenza,
à Rimini, à Caffagiolo, à Pise, à Urbino, à Ferrare, etc.
Il en sortait, non seulement des œuvres d'art, mais
aussi des objets de commerce, tels que vases ou services de table, qui se vendaient en Italie et dans les
pays voisins. En France, on désigna la poterie italienne du nom de poterie de Faenza, ou *faïence*. Le
chroniqueur Pierre de l'Étoile raconte que « dans une
collation offerte, en 1580, au roi Henri III par le car-
dinal de Birague, il y avait deux larges tables cou-

vertes de onze à douze cents pièces de *vaisselle de
faenze*, pleines de confitures sèches et dragées de
toutes sortes. La plus grande partie de cette vaisselle
fut rompue et mise en pièces par les pages et les la-
quais. Ce fut une grande perte, car cette vaisselle était
excellemment belle. » On juge par là de ce que devait
être la fin d'un repas, à cette époque.

Vase en majolique d'Urbino.

Un des petits-neveux de Lucca, Girolamo della
Robbia, fut appelé en France par François Ier pour
y apporter l'art de la majolique. Il travailla surtout
à l'ornementation du petit château de Madrid, que le
roi faisait construire au bois de Boulogne, et que Phi-
libert Delorme appelait ironiquement le *château de
faïence*. Les faïences émaillées, les terres cuites et les
émaux de l'artiste italien qui l'ornaient en grand
nombre, sont malheureusement perdus : lors de la
démolition du château, en 1792, ils furent vendus à
un paveur qui les mit au pilon pour en faire du
ciment. Un seul fragement, retrouvé plus tard, est
conservé au musée de Sèvres : mais il ne permet pas

de juger de l'œuvre de Girolamo, qui mourut du reste quelques années après son arrivée en France.

C'est également au règne de François Ier que remonte la fabrication de la faïence française. On trouve, dans les collections particulières et les musées, une cinquantaine de pièces fort belles, désignées pendant longtemps sous le nom de *faïences de Henri II*. La ressemblance des formes et l'analogie de la décoration ne permettent pas de douter de l'identité de leur origine. Ce sont des coupes à couvercle, des aiguières, des *biberons* (vases à anses et à bec), des flambeaux, tous ornés d'arabesques, d'entrelacs, d'armoiries et de fleurons incrustés dans la pâte : quelques parties en relief, masques, écussons, appliquées après coup, complètent l'ensemble sans nuire à la pureté de la forme.

Il est aujourd'hui démontré que ces pièces furent fabriquées au château d'Oiron, sous la direction d'Hélène de Hangest, veuve d'Arthur Gouffin, ancien gouverneur de François Ier et grand maître de France. Cette femme instruite, distinguée, très artiste surtout, à qui le roi avait confié l'éducation de son fils, Henri II, charmait les tristesses de son veuvage en surveillant les travaux de son potier, François Charpentier, et de son secrétaire, Jehan Bernart. Les trois collaborateurs exécutèrent ces merveilleuses faïences dont Hélène faisait présent à ses amis, et qui portent leurs armoiries et leurs devises. La châtelaine d'Oiron mourut en 1537 : sous son fils, Charles Gouffin, furent fabriquées les pièces ornées de l'écusson royal et offertes par lui au roi Henri II. Mais l'inspiration artistique d'Hélène de Hangest avait disparu ; la fabrication dégénéra lorsque Bernart mourut à son tour, et bientôt elle cessa complètement.

———

A cette époque, apparurent les premières productions de celui qu'on peut appeler le héros de la céramique française, de Bernard Palissy. Né en 1510, à la Chapelle-Biron, près d'Agen, admirablement doué et porté d'instinct vers la contemplation des merveilles de la nature, Palissy fut non seulement artiste distingué, mais encore géologue, physicien, chimiste et agronome. Ses dissertations sur les sciences naturelles abondent en idées d'une justesse remarquable et

Coupe en faïence d'Oiron.

fort étonnantes pour le temps où elles ont été émises.

En 1542, nous le trouvons établi à Saintes, chargé de famille et exerçant la triple profession de peintre, de géomètre et de fabricant de vitraux : ce qui ne l'empêche pas d'être fort pauvre. Le souvenir d'une coupe de terre émaillée (probablement d'origine italienne, peut-être d'Oiron) qu'il a vue autrefois, le poursuit sans cesse : il veut arriver à la fabrication de l'émail. Il se livre à des essais ; mais, ainsi qu'il le dit lui-même, il cherche *comme un homme qui tâte en*

ténèbres. Sans s'inquiéter des procédés de la fabrication italienne que Girolamo della Robbia employait
alors à Paris, il marche droit devant lui et ne se laisse
rebuter ni par les difficultés, ni par la misère où son
travail le réduit. Le bois lui manque pour chauffer son
four : il brûle les treillages de son jardin, les tables
et le plancher de sa maison. Après mille déboires (voir
page 54) et de nombreuses années de travail, il triom-
phe enfin. Les faïences couvertes d'émaux jaspés qu'il
fabrique d'abord le font vivre pendant quelque temps.
Puis viennent les plats ou bassins *rustiques* qui sont
restés les monuments les plus populaires de son génie.
Plus tard enfin, il fabrique des corbeilles à jour, des
vases d'apparat, des buires, des salières, des flambeaux ornés de sirènes et de masques grimaçants.

Les pièces rustiques se composent de plats presque
toujours ovales, ornés d'objets colorés *en relief* et ne
pouvant servir à d'autre usage qu'à l'ornementation
d'un dressoir. Tous les ornements, feuilles, coquillages
vivants et surtout fossiles [1], poissons, reptiles, sont la
reproduction fidèle de la nature. Tantôt c'est une an-
guille qui serpente sur un lit de mousse et de fougère
semé de coquilles, tantôt c'est une vipère qui dort
enroulée sur elle-même au milieu d'une sorte d'îlot :
sur les bords des plats, des poissons nagent au milieu
de l'eau, les lézards frétillent, les grenouilles vertes,
les brunes écrevisses, les insectes s'agitent au milieu
des feuilles de chêne ou de laurier

La pâte des faïences de Palissy est fine, dure, imperméable et d'un blanc grisâtre : elle se rapproche
de ce que l'on fabrique aujourd'hui sous le nom de
terre de pipe. L'émail a beaucoup d'éclat, mais il est

---

1. Bernard Palissy est le premier qui ait regardé les coquilles fossiles, non comme des jeux de la nature, mais comme des débris
d'animaux ayant autrefois vécu : celles qu'il a reproduites sur ses
plats appartiennent au bassin parisien et venaient probablement de
Grignon.

souvent rempli de tressaillures : les couleurs en sont
vives, mais peu variées; ce sont le jaune pur, le
jaune d'ocre, le bleu indigo et le bleu gris, le vert
d'émeraude et le vert jaunâtre, le violet et le brun vio-
lacé; le blanc est rare dans les œuvres de Palissy.
Après avoir poursuivi pendant toute sa vie la recher-

Plat de faïence de Bernard Palissy.

che de l'émail blanc, il n'a pu arriver à la magnifique
blancheur obtenue par Lucca della Robbia. Aussi
n'emploie-t-il le blanc que rarement; jamais il n'a
produit du rouge ou du noir. Quant à la composition
même de ses pièces rustiques, elle s'obtenait au
moyen de moules en plâtre, préparés eux-mêmes
sur des animaux ou des objets naturels.

Les productions de Palissy furent très recherchées
dès leur apparition : il oublia les misères passées et
acquit bientôt une honnête aisance, donnant lui-même
un démenti à sa propre devise : *Pauvreté empêche les*

bons esprits de parvenir. Mais d'autres tracas l'atten-
daient. Protestant fanatique, esprit ardent et inquiet,
il fut l'un des fondateurs de l'Eglise réformée de Saintes et fit de son atelier un centre de réunions et de con-
ciliabules. Arrêté en 1562, il fut conduit en prison à
Bordeaux. Le connétable de Montmorency apprenant
le danger qui le menace, s'adresse à la reine Cathe-

Buire de Bernard Palissy.

rine de Médicis et lui fait décerner le brevet d'*inven-
teur des rustiques figulines du roi et de la reine*. Il
appartient dès lors à la maison du roi, échappe
ainsi au danger présent et plus tard à la Saint-Bar-
thélemy, travaillant d'abord à Saintes, puis à Paris.
Arrêté de nouveau en 1588, il ne peut, malgré la protection du duc de Mayenne, échapper à une condam-
nation et termine en prison, à l'âge de quatre-vingts
ans (1590), une existence commencée dans la misère.

Tel fut cet homme extraordinaire, dont les œuvres sont justement estimées. On sait peu de chose sur les procédés qu'il employait : son four avait deux foyers, et les pièces y étaient renfermées pendant la cuisson dans des *lanternes de terre :* ce sont nos cazettes. Palissy a beaucoup écrit, mais nulle part il n'a donné la recette de ses émaux. Dans son livre sur *l'Art de la terre*, dialogue entre *Théorique* et *Pratique*, son interlocuteur, *Théorique*, lui demande son secret et lui reproche de le cacher : « C'est n'avoir nulle charité. Si tu tiens ainsi ton secret caché, tu le porteras dans

Potiche de Nevers.

la fosse ; nul ne s'en ressentira. Ainsi ta fin sera maudite ; c'est abuser des dons de Dieu. » *Pratique* (Palissy) répond que ses émaux sont faits d'étain, de plomb, de fer, d'antimoine, de soufre, de cuivre, de cendre gravelée, de litharge et de pierre de Périgueux : renseignement qui ne signifie rien et que possédaient tous les potiers de l'époque. Palissy, publiant et répandant ses procédés, fût devenu le fondateur de la céramique française : il eût été un grand homme, il ne fut qu'un grand artiste

La première fabrique de faïence française un peu importante est celle de Nevers. Elle fut établie vers

1608 par les frères Conrade, transfuges des manufactures de Savone, en Italie. Les formes, les décors et l'exécution rappellent les majoliques d'Urbino et de Faenza : le camaïeu bleu y domine. Cette fabrique ne resta pas longtemps seule à Nevers, et en 1632, il en existait quatre, dont la plus importante est celle des Custode. De là sortirent ces belles faïences à fond bleu, décorées en blanc d'arabesques, de fleurs, d'animaux et quelquefois de personnages. Les pièces (voir la figure) étaient ordinairement de petites dimensions : mais elles atteignaient quelquefois aussi les proportions de grands vases décoratifs. La faïencerie de Nevers perdit rapidement son caractère artistique Bientôt ses produits ne furent plus que la reproduction d'enluminures ou d'images grossières, avec des inscriptions d'une orthographe fantastique.

Rouen occupe le premier rang dans l'histoire de la céramique française, tant par le nombre et l'importance de ses manufactures, que par la perfection artistique où les potiers normands sont arrivés. Depuis Edme Poterat, qui travaillait en 1647, jusqu'au commencement de notre siècle, la fabrication rouennaise ne s'est pas ralentie. Elle jette son plus grand éclat vers la fin du règne de Louis XIV. En présence de la famine qui désole la France et de la guerre qui la ruine, le roi, et les grands qui veulent l'imiter, envoient à la monnaie leur vaisselle d'or et d'argent, et la remplacent par la faïence. Les fabriques de Rouen se multiplient et luttent entre elles pour perfectionner leurs produits. Mais quand, à la fin du xviiie siècle, la porcelaine commença à se répandre, et que la faïence anglaise de Wegdwood pénétra en France, la faïence de Rouen ne put soutenir la concurrence, et cette industrie disparut peu à peu.

La décoration des faïences de Rouen fut d'abord d'une seule couleur et d'un caractère symétrique. Le centre des assiettes et des plats est occupé par un sujet en forme de rosace de plus en plus légère, par une corbeille de fleurs, ou par un fleuron rappelant les ornements typographiques de l'époque. Le décor en plusieurs couleurs ne fut employé à Rouen que vers le commencement du xviiie siècle, d'abord dans le *décor à ferronnerie*, où l'on retrouve l'imitation des beaux travaux en fer forgé de l'époque, ensuite dans le *genre rocaille*, enfin dans le *décor à la corne*, qui

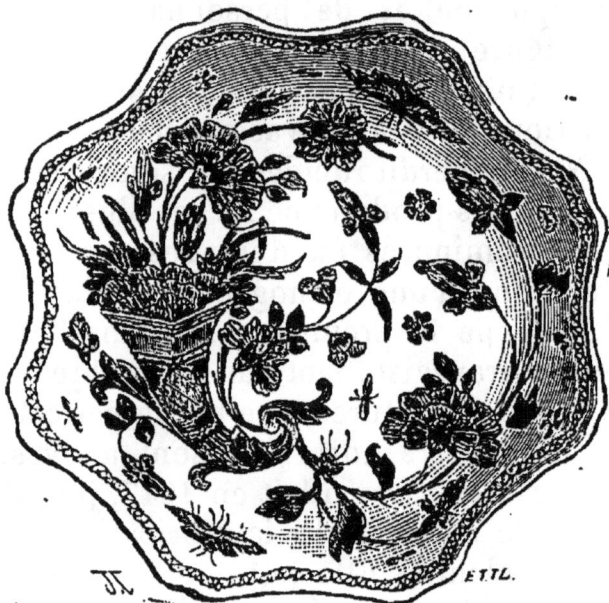

Coupe en faïence de Rouen. (Décor à la corne.)

dut jouir d'une très grande vogue, à en juger par le nombre des pièces existant encore actuellement.

L'influence de la fabrication rouennaise s'est fait sentir dans tout le nord de la France : de nombreuses fabriques ont cherché à imiter plus ou moins servilement ses produits. On peut citer celles de Sinceny (Aisne), de Quimper, de Paris, de Saint-Cloud, de Meudon, de Poissy, de Lille. Bien que rappelant celles de Rouen, les faïences de Lille se font remarquer par une exécution très soignée, et une plus grande douceur dans le coloris.

Moustiers, petite ville du département des Basses Alpes, perdue au milieu d'une contrée montagneuse, est le troisième centre de la fabrication de la faïence en France. Cette fabrique, éloignée de Paris, n'eut pas à subir les caprices de la mode : aussi ses produits, bien que peu variés, sont remarquables par la

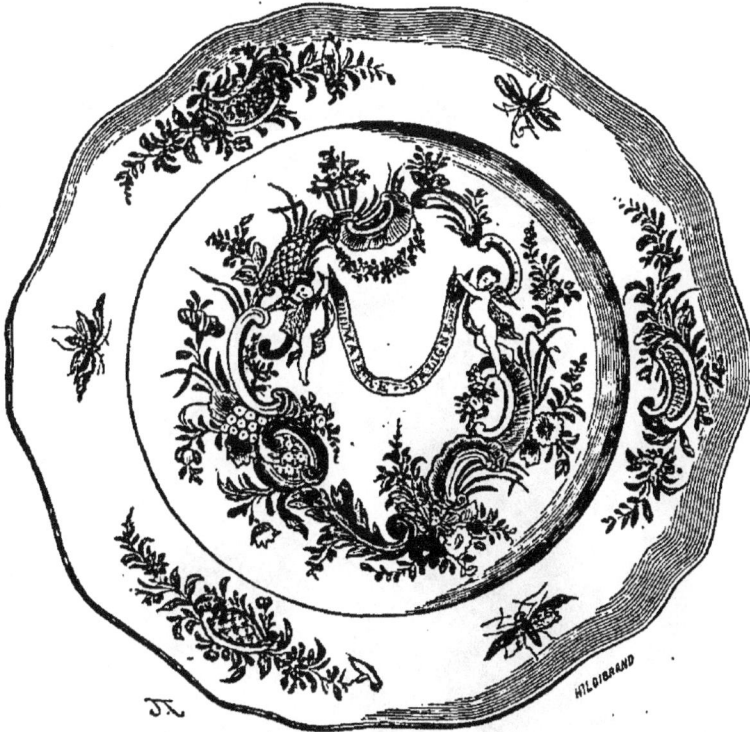

Assiette en faïence de Lille.

pureté de l'émail, d'un blanc laiteux, et par la perfection du décor. L'aspect de la faïence de Moustiers est si frais, si gracieux, qu'un amateur du siècle dernier l'appelle *la plus belle et la plus fine du royaume*.

Les faïenciers de Moustiers empruntaient les sujets de leurs décorations aux combats et aux chasses du Florentin Antonio Tempesta, et aux dessins du peintre d'Anvers, Frans Floris : les sujets plus simples étaient tirés des albums de Bérain, de Boulle et de Bernard Toro, dont les dessins décoratifs sont fort remarquables. Ce sont des entrelacs, au milieu desquels se jouent des figures de nymphes, de satyres et d'amours; le tout en camaïeu bleu. La décoration en plusieurs couleurs ne vint que plus tard et les motifs en furent empruntés à l'Espagne. Quelques-uns des dessins grotesques sont cependant tirés des œuvres de Callot.

Aiguière en faïence de Moustiers.

Nevers, Rouen, Moustiers n'ont employé que les couleurs mélangées à l'émail et fondues avec lui pendant la cuisson. Hannong, fabricant de porcelaines à Strasbourg, appliqua à la décoration de la faïence les procédés de la peinture sur porcelaine : il se servait de couleurs mélangées à des fondants et appliquées sur l'émail après sa cuisson. Les succès qu'il obtenait dans la fabrication de la porcelaine portèrent

ombrage à la manufacture de Vincennes, plus tard
Sèvres : défense fut faite à Hannong en 1750 de con-
tinuer son travail. C'est alors qu'il se livra, lui et ses
fils, à la confection et à la décoration de la faïence.
Mais en face des exigences du fisc, il dut en 1780
abandonner complètement la partie.

Trois autres fabriques méritent d'être citées dans

Corbeille en faïence de Strasbourg.

l'est de la France : ce sont celles de Niderviller, de
Lunéville et de Saint-Clément. De Lunéville sortaient,
entre autres choses, ces lions ou chiens que la mode
était de placer en face l'un de l'autre dans les vesti-
bules, d'où le proverbe : *se regarder en chiens de
faïence.* C'est à Saint-Clément que travailla d'abord
l'artiste Paul Cyfflé, appelé plus tard à la fabrique
de Bellevue, près de Toul, et dont les statuettes,
reproduisant des types populaires, sont des œuvres
d'art extrêmement remarquables.

———

L'industrie de la faïence a prospéré également dans
les pays étrangers, en Belgique, en Suisse, en Alle-

magne, en Hollande et surtout en Angleterre. L'une
des plus importantes de ces fabriques est celle de
Delft, en Hollande Les potiers hollandais qui rece-
vaient par mer les porcelaines de la Chine et du
Japon, s'efforcèrent de les imiter et d'en reproduire
la décoration. Telle fut l'origine de la faïencerie de
Delft, dont la production fut énorme, et qui dut son
succès au développement extraordinaire du commerce

Burette en faïence de Delft.

hollandais Les faïences de Delft sont recouvertes
d'un double vernis : le premier est un émail opaque
dans lequel on exécute la décoration; le second, très
léger et transparent, recouvre le tout et donne aux
pièces plus d'éclat

Il n'est pas de pays où la fabrication de la poterie
ait fait des progrès aussi rapides qu'en Angleterre,
pendant la seconde moitié du siècle dernier; presque
tous avaient un caractère essentiellement pratique.
Ayant reconnu les inconvénients de la faïence pour

l'usage domestique, et ne pouvant la remplacer par la porcelaine dure, faute de kaolin, les potiers anglais ont apporté à la composition de la faïence une série de modifications destinées à la rapprocher autant que possible de la porcelaine. La pâte colorée et terreuse de la faïence ordinaire a été remplacée par une pâte blanche et fine, obtenue avec un mélange d'argile et de cailloux blanchis par la calcination. L'émail opaque dont l'aspect gras est si précieux pour la faïence décorative, devient une couverte vitreuse, transparente, d'une composition analogue à celle du cristal. L'expression de faïence anglaise ne s'applique pas d'ailleurs à une seule poterie, mais bien à un grand nombre d'espèces, ayant toutes des qualités spéciales pour les usages de chaque jour; telles sont les terres de fer, les terres de sable, les terres de pipe, les poteries couleur crème, les poteries de la reine, les cailloutages, les porcelaines opaques.

La décoration prend aussi un caractère pratique : elle s'obtient par impression. Le dessin que l'on veut exécuter, est gravé sur une planche d'acier et tiré sur le papier comme une gravure ordinaire. L'encre employée est un mélange de couleurs vitrifiables et d'huile de lin épaissie par la cuisson : le papier n'est pas collé afin d'être perméable à l'eau. Lorsque la gravure est tirée, on mouille le papier et on l'applique sur la poterie dont il prend toutes les formes : en peu d'instants, l'encre grasse se détache du papier humide et adhère à la pâte poreuse de la poterie. La dorure s'obtient de la même façon avec une encre composée d'huile et de poudre d'or. C'est ainsi que toute l'histoire politique et religieuse de l'Angleterre défile sur les assiettes, les théières, les pots à bière : on l'enseigne de cette façon au peuple; mais on lui enseigne surtout la haine des Français, car on ne lui ménage pas les portraits du grand Frédéric et les inscriptions à la louange du vainqueur de la France.

L'empereur de Russie, Alexandre Ier, occupe plus tard la même place sur les poteries ménagères.

L'honneur des grands progrès accomplis dans la céramique anglaise, revient en majeure partie à Josiah Wedgwood, né en 1730, mort en 1795. Parmi ses plus belles inventions, il faut citer cette nombreuse série de faïences et de grès de différentes couleurs, ressemblant à l'agate, au jaspe, au porphyre, avec lesquels il reproduisait les médaillons, les camées et les vases antiques. Il ne se bornait pas à copier l'antiquité : le sculpteur Flaxman créa pour lui des formes nouvelles et les orna de jolis bas-reliefs, où les figures se détachent en blanc sur un fond coloré. Wedgwood ne sacrifiait donc pas l'art à l'utilité : c'était en outre un homme de bien, car il employait aux plus nobles et aux plus charitables usages la fortune princière qu'il avait amassée par son talent.

FIN

TABLE DES MATIÈRES

Coulommiers. — Typog. P. BRODARD et GALLOIS.

www.ingramcontent.com/pod-product-compliance
Lightning Source LLC
Chambersburg PA
CBHW050559210326
41521CB00008B/1035